U0245481

国际AAHRPP认证解读与实操
——中国背景下的实践

主　审　袁　洪　Sarah H. Kiskaddon

主　编　王晓敏　李　昕

编者名单（按章节编写顺序）

　　　　刘新春　王晓敏　阳国平　李　昕

　　　　黄志军　刘　星　蒋卫红

人民卫生出版社

图书在版编目（CIP）数据

国际 AAHRPP 认证解读与实操：中国背景下的实践 /
王晓敏，李昕主编 . —北京：人民卫生出版社，2017
ISBN 978-7-117-24269-1

Ⅰ . ①国… Ⅱ . ①王… ②李… Ⅲ . ①人体科学 -
研究 Ⅳ . ①Q98

中国版本图书馆 CIP 数据核字（2017）第 132462 号

人卫智网	www.ipmph.com	医学教育、学术、考试、健康，购书智慧智能综合服务平台
人卫官网	www.pmph.com	人卫官方资讯发布平台

国际 AAHRPP 认证解读与实操——中国背景下的实践

主　　编：王晓敏　李　昕
出版发行：人民卫生出版社（中继线 010-59780011）
地　　址：北京市朝阳区潘家园南里 19 号
邮　　编：100021
E - mail：pmph @ pmph.com
购书热线：010-59787592　010-59787584　010-65264830
印　　刷：三河市尚艺印装有限公司
经　　销：新华书店
开　　本：710×1000　1/16　印张：12
字　　数：222 千字
版　　次：2017 年 10 月第 1 版　2017 年 10 月第 1 版第 1 次印刷
标准书号：ISBN 978-7-117-24269-1/R · 24270
定　　价：48.00 元

打击盗版举报电话：010-59787491　E-mail：WQ @ pmph.com
（凡属印装质量问题请与本社市场营销中心联系退换）

前　言

目前,创新药物及其国际多中心临床试验项目和种类逐年增多,临床试验质量、伦理审查效率和受试者权益保护,已经成为国内外临床研究关注的重点。近年来,国内外发布了很多临床研究受试者保护相关的指南或法规,但因其内容普遍较为宽泛,缺乏具体的操作标准,因而各组织和研究机构在实际的执行过程中标准参差不齐,甚至南辕北辙,一系列违背医学伦理的事件时有发生。为了促进临床试验更加规范化、更好地保护受试者权益,从研究者、申办者、合同研究组织(Contract Research Organization, CRO)、伦理委员会、机构等多层面、多维度地构建科学、系统、全面的受试者保护体系,逐渐成为社会公众的紧迫诉求,成为临床研究中的重要趋势。

美国人类研究保护项目认证协会(Association for the Accreditation of Human Research Protection Program, AAHRPP)成立于2001年,是一个独立的、非政府、非营利性的专业认证机构,拥有全球人体研究保护公认的标准体系。AAHRPP是目前全球唯一对人体医学研究受试者保护机制开展全面认证的机构,迄今全球已有238家机构通过了AAHRPP认证。

如今,中国各大医院、申办者、CRO公司及其他研究院所都在大规模地开展临床研究。为了顺利开展临床研究并更好地保护受试者,这些机构大都迫切地希望通过AAHRPP认证。但目前通俗易懂、操作简单的培训手册相对稀缺,且多为外文译本,缺乏本土伦理认证的成功实践经验。为编著一本既符合本土临床研究伦理实践诉求,又满足AAHRPP国际认证标准的培训教材,我们特别邀请到了AAHRPP总部海外负责人Sarah H. Kiskaddon参与到了本书的编写工作之中,在此特别感谢耶鲁大学Kaveh Khoshnood副教授,Susan Bouregy博士给予的支持和帮助。同时此书的编写也得益于美国国立卫生研究院(National Institutes of Health, NIH)Fogarty项目[R25 TW007700, International Research Ethics Education and Curriculum Development Award(Bioethics)"Research Ethics Training and Curriculum Development Program with China"]、国家社会科学基金重大项目(11&ZD177)以及国家"重大新药创制"科技重大专项(2012ZX09303014-001)的资助。

本书在编排上独具特色:①本书的编写强调以培训为主,通过对AAHRPP认证标准的解读,将临床研究的过程融入到管理制度和SOP中,具有很强的可读性和实用性;②在内容方面,涉及的主要栏目有:AAHRPP认证标准、人类研究保护体系管理制度和操作规程、AAHRPP现场考察示范、国内外临床研究指南和法规,基本体现了AAHRPP认证的全过程,可作为AAHRPP认证申报比较全面的参考书;③在编排形式方面,本书采用AAHRPP认证标准解读、管理制度和SOP撰写,每篇以内容提要的形式开篇,更直接、生动和简洁易懂。

本书的编写及出版有望为我国大学、医院、研究机构及申办者、CRO公司、SMO公司等从事临床研究的单位和组织,以及临床研究的政府监管部门和临床研究领域的教学科研人员等,更好地保护临床研究受试者提供借鉴并为其创建临床研究受试者保护体系提供重要参照。

袁　洪

2017年6月20日

目 录

第一篇　AAHRPP认证标准解读

第一章　领域1：机构 ･････････････････････････････････ 3
第二章　领域2：伦理委员会 ･････････････････････････ 13
第三章　领域3：研究者和研究团队 ･･･････････････････ 22

第二篇　人类研究保护体系建设

第一章　人类研究保护体系的基本组成及运行 ･･･････ 29
　第一节　人类研究保护体系 ･･･････････････････････ 29
　　一、人类研究保护体系概述 ･････････････････････ 29
　　二、HRPP组成部分的职责及相互合作关系 ･･･････ 30
　第二节　三方协议 ･･･････････････････････････････ 38
　　一、审核要点 ･････････････････････････････････ 38
　　二、签署程序 ･････････････････････････････････ 39
　第三节　研究中的利益冲突 ･･･････････････････････ 40
　　一、利益冲突的分类 ･･･････････････････････････ 40
　　二、利益冲突的报告和处理程序 ･･･････････････････ 42
　　三、利益冲突的管理和培训 ･････････････････････ 42

第二章　伦理委员会 ･････････････････････････････ 44
　第一节　运行和管理 ･･･････････････････････････････ 44
　　一、IRB的审查范围 ･･･････････････････････････ 45
　　二、IRB的组织和管理 ･････････････････････････ 46
　第二节　审查流程 ･･･････････････････････････････ 48
　　一、会议审查 ･････････････････････････････････ 48
　　二、快速审查 ･････････････････････････････････ 53
　　三、豁免研究 ･････････････････････････････････ 54
　　四、审查的批准和额外考虑 ･････････････････････ 56
　　五、跟踪审查 ･････････････････････････････････ 58

　　第三节　记录与存档·······················62

　　第四节　知情同意·······················64

　　第五节　弱势群体·······················66

　　第六节　特殊问题·······················69

第三章　研究者及其团队·······················72

　　第一节　研究者的职责和资质·················72

　　　　一、研究者的职责 ····················72

　　　　二、研究者和研究团队的培训/继续教育 ·········75

　　　　三、研究者需要考虑的问题 ···············75

　　第二节　研究设计中的伦理考虑················75

　　　　一、试验设计中的伦理考虑 ···············75

　　　　二、试验运行过程中的伦理考虑 ·············77

　　第三节　多中心临床试验···················79

　　　　一、HRPP在多中心临床试验中的作用 ··········79

　　　　二、多中心临床试验的伦理审查 ·············80

　　　　三、临床试验的注册 ··················81

第三篇　AAHRPP现场考察题例解析

第一章　共性问题·························85

　　第一节　关于AAHRPP······················85

　　　　1.请问你们为什么要申请AAHRPP？ ···········85

　　　　2.您对AAHRPP知道多少？ ···············85

　　　　3.开展认证,你们需要开展哪些工作(整个工作流程)? ····86

　　　　4.你们HRPP体系的审查范围是什么? ···········86

　　　　5.你们的体系中关于利益冲突的定义和管理计划是怎样的? ·····86

　　　　6.伦理委员会是否可以观摩知情同意过程? ········87

　　　　7.如何进行数据安全监察? ···············87

　　　　8.SAE/SUSAR的定义和报告时间? ············87

　　　　9.请问你们在何种情况下会聘请独立顾问? ········88

　　　　10.申请AAHRPP项目,增加了很多工作,很多文件需要准备,
　　　　　　对你们在保护受试者的工作方面有什么影响吗?·····88

　　　　11.你们的质量体系如何进行保证? ············88

12. 临床研究专家委员会如何实施科学审查？ …………………… 88

13. 外单位人员来本机构研究，如何监管？我机构人员到外
研究单位进行研究，如何监管？ ……………………………… 89

第二节 指南与医院制度………………………………………………… 89

14. 机构开展关于人的研究需要遵守哪些法规及国际指南？…… 89

15. 人类研究受试者保护体系的架构如何？ ………………………… 89

16. 伦理委员会承担哪些职责？您如何保证其工作的独立性？……… 90

17. 你们机构的科学审查由哪个委员会负责？一般在什么情
况下需要进行独立的科学审查？审查范围包括哪些？ ……… 90

18. 你们如何管理研究中的利益冲突？ ……………………………… 91

19. 一般存在什么样的利益冲突关系？ ……………………………… 91

20. 您向伦理委员会报告利益冲突吗？什么情况下报？多长
时间报？ ………………………………………………………… 92

21. 机构的利益冲突如何处理？ ……………………………………… 92

22. 伦理委员会如何审查利益冲突？ ………………………………… 92

23. 您有被要求进行利益冲突培训吗？什么情况下？ ……………… 93

24. 你们医院怎样开展受试者保护培训，培训内容有哪些？
哪个部门负责组织培训？ ………………………………………… 93

25. 请问您在整个架构体系中的职责，你们如何开展受试者教
育与培训，受试者有意见到哪里投诉？ ………………………… 93

26. 如果出现违背受试者保护规定的情况，你们如何处理？ ……… 94

27. 如果您有关于改进受试者保护工作的建议，向哪里反映？…… 94

28. 你们医院的HRPP是如何定期评估，并持续改进的？你们
开过HRPP中期评估会议吗？ …………………………………… 94

29. 你们医院的整体HRPP质控的目标与指标是哪些？ …………… 95

30. 在受试者保护体系中的岗位设置和职责是什么？ ……………… 95

31. 您是否拥有充足的资源来履行您的职责？ ……………………… 95

32. 您对伦理委员会持什么态度？您觉得太保守了还是有利于
研究的开展？ …………………………………………………… 95

33. 贵科室有无研究项目的科学审查？ ……………………………… 96

34. 您是否有信息需要我们传达给医院管理层？或者，关于受
试者体系/伦理委员会/临床试验和研究办公室/医务处等，
您有什么意见或建议？ ………………………………………… 96

第二章　针对主要研究者/PI的问题 ………………………… 97

1. 风险的种类与等级如何界定？ ………………………… 97

2. 最小风险的定义是？如何评估？ ………………………… 98

3. 隐私与保密的区别是什么？ ………………………… 98

4. 知情同意的程序是什么？如何正确开展知情同意？ ………… 98

5. 快速审查和免除审查的分类是什么？如何使用？ ………… 100

6. 免除知情同意与免除知情同意的签字的区别是什么？ …… 100

7.《赫尔辛基宣言》发布的时间是？ ………………………… 101

8. 什么样的研究是符合伦理的研究？ ………………………… 101

9. 在研究中如何保护受试者？ ………………………… 101

10. 在开展人体研究中研究者主要的职责是什么？ ………… 101

11. 研究者需要接受哪些有关人体研究的培训？ …………… 102

12. 研究经费的来源是？ ………………………… 102

13. 如何看待保护研究受试者？ ………………………… 102

14. 应该向哪些机构询问或求助有关法规与伦理的问题？ …… 102

15. 如何监管自己的研究，以及如何进行有关研究的沟通
　　交流，比如，周会？ ………………………… 103

16. 谁负责准备伦理审查材料，与伦理委员会沟通？ ………… 103

17. 研究相关法规文件是否存档？存在哪里？ …………… 103

18. 是否需要为研究设计CRF/数据采集工具？ …………… 103

19. 研究资料存放在哪里？ ………………………… 103

20. 能否举一例具体的研究项目？ ………………………… 103

21. 谈谈自己的研究项目？ ………………………… 104

22. 所在部门事先是否有科学审查程序？ …………… 104

23. 有哪些措施确保受试者满足纳入/排除标准？确保研究
　　程序按照制定的SOP进行？ ………………………… 104

24. 有哪些措施保护研究受试者的数据机密性？ …………… 104

25. 如何审阅研究数据？ ………………………… 105

26. 所在单位是否有数据安全监察委员会（DSMB）？ ……… 105

27. Ⅰ期研究有DSMB吗？ ………………………… 105

28. 试验用药有紧急使用吗？ ………………………… 105

29. 试验受试者如何确定？如何招募受试者？ …………… 105

30. 如何筛选受试者以确定受试者是否符合研究纳入标准？
　　谁负责筛选？ ………………………… 106

31. 谁负责向受试者介绍研究信息？ ………………………… 106

32. 知情同意过程在哪里开展？在什么状况下？ …………………… 106

33. 在讨论研究项目前，给受试者告知信息去阅读吗？是当
面给，还是邮寄给他们？ ………………………………………… 106

34. 告知研究信息和实际签署知情同意书之间的间隔是多少？ …… 106

35. 谁负责解答受试者或受试者家人提出的问题？ ……………… 107

36. 如何确定受试者真正理解研究，特别是风险？ ……………… 107

37. PI通常向受试者告知研究信息吗？ …………………………… 107

38. 应当授权谁负责签署知情同意书？ …………………………… 107

39. 除了签署知情同意书，介绍下用于记录知情同意过程的
其他方法？ ………………………………………………………… 107

40. 研究中有哪些机制来保护研究受试者？ ……………………… 107

41. 是否开展过涉及囚犯的研究？在这方面接受过怎样的培训？ … 107

42. 请说明如何报告SAE？ ………………………………………… 108

43. 如果研究出了问题，多长时间报告？ ………………………… 108

44. 如何处理研究中的一些问题，比如研究数据或研究记录
的丢失？ …………………………………………………………… 108

45. 如果收到受试者投诉，自己不能解决的话该怎么办？ ……… 109

46. 如果研究团队成员存在利益冲突，怎么办？如何知道？
谁来负责获得患者的知情同意？ ……………………………… 109

47. 谈谈所在医院的伦理委员会是做什么的？ …………………… 109

48. 所在科室是否有人参加了伦理委员会（IRB）？ …………… 110

49. 有没有什么信息需要我们传达给医院领导？ ………………… 110

50. 伦理委员会在研究机构的名声如何？ ………………………… 110

51. 大家对从项目送审到收到伦理委员会回复的时间有什
么样的看法？ ……………………………………………………… 110

52. 谈谈自己在做研究方面的专业素养有哪些？ ………………… 110

53. 谈谈自己所做的研究在伦理委员会审查的时候碰到过的
问题？比如：在完成这个研究时碰到了什么问题？ ……… 110

54. 是否有不同意伦理委员会决定或意见的时候？谈谈自己
在这种情况下的做法？ ………………………………………… 111

55. 怎样决定一个活动是否为"涉及人类受试者的研究"，从
而需要伦理委员会审查？ ……………………………………… 111

56. 谈谈自己研究的开展是否遵循了伦理委员会的要求？ …… 112

57. 除了中国伦理法律法规和指南以外，还有什么其他的伦
理准则是要遵守的？ …………………………………………… 112

58. 伦理委员会有足够的资源来完成工作吗？ ·················· 112

59. 谈谈自己的研究项目有足够的资源可以顺利完成吗？ ······ 112

60. 怎样确保研究成员非常熟悉研究方案并且受到了适合
    的人类受试者研究保护的培训？ ·················· 112

61. 从哪些途径可以学习到伦理委员会政策和流程？ ········ 113

62. 医院对于研究者利益冲突的政策是怎样规定的？比如：
    如果在研究中涉及经济利益因而需要一个管理计划吗？
    如果有这种情况，是怎样做的？ ·················· 113

63. 拒绝过来自于厂家资助者的研究吗？如果有，为什么？ ··· 114

64. 如何决定是否参加申办者资助的研究？ ·················· 114

65. 推荐患者入组费是否允许？用奖励来刺激加速组的
    过程是否允许？ ·················· 114

66. 在评估研究方案的科学性设计方面应该如何考虑？ ······ 114

67. 医院里谁负责研究的科学性审查？ ·················· 115

68. 在设计一个研究方案的时候，怎样考虑让受试者的危险
    最小化？ ·················· 115

69. 采用什么样的方法监测试验数据以保证受试者的安全？ ······ 115

70. 什么是"涉及受试者和他人风险的非预期问题"？怎样
    处理涉及受试者和他人风险的非预期问题？ ·················· 115

71. 如有学生参与临床研究，如何保证学生是自愿的而非被
    迫的，尤其是Ⅰ期临床试验？涉及学校员工的研究呢？
    危重病患者呢？ ·················· 116

72. 知情同意过程的关键步骤在哪里？ ·················· 117

73. 当受试者同意参加某项研究时，怎样确保他们对该项目
    有充分的了解？ ·················· 117

74. 当受试者投诉某一个研究的时候，应该怎样做？ ·········· 117

75. 怎样向伦理委员会汇报接收到的投诉？ ·················· 117

76. 应该向伦理委员会汇报怎样的信息、事件以及意外事件
    等？在事件发生多久内要汇报？ ·················· 117

第三章 针对伦理委员会主席及委员的问题 ·················· 118
  第一节 一般问题 ·················· 118
    1. 您是何时参与到伦理委员会的工作的？ ·················· 118
    2. 您参加伦理委员会是自愿的吗？需要什么程序？ ·········· 118
    3. 作为伦理委员会委员，您感到您的工作被认可吗？ ·········· 118

4.您的意见被伦理委员会采纳吗? ·················· 118

5.伦理委员会受到医院高层的支持吗? 是不是很光荣的工作? ··· 118

6.听说过社区代表吗? 您是吗? ·················· 119

7.伦理委员会工作量合适吗? ···················· 119

8.为什么选择您参加伦理委员会? ················ 119

9.您认为伦理审查公正吗? 审查正确吗? ·········· 119

第二节 针对非医学背景委员的问题················ 119

10.您的问题和意见会被伦理委员会接受吗? 您得到其他
委员以及研究者的尊重吗? ·················· 119

11.审查过程中您的角色是什么? ················ 119

12.伦理委员会对您的职责和角色是什么样的定位? ··· 120

第三节 针对委员接受培训方面的问题··············· 120

13.您都接受过什么样的培训? ·················· 120

14.您知道到哪里寻求帮助/指导吗? ·············· 120

15.您觉得您接受的培训够吗? 还在接受培训吗? ······ 121

16.您获取资源的渠道有哪些? ·················· 121

17.您阅读了会议提纲才来参会吗? 如果会议提纲需要修
改您会怎样完成? ·························· 121

18.您从哪里了解新的政策和程序? ·············· 121

第四节 针对委员对于伦理准则、法规和职责了解的问题 ··· 121

19.伦理委员会是做什么的? 伦理委员会保护谁? ··· 121

20.如何审查研究项目? 您看哪些东西? ·········· 122

21.您不需要记得相关法规内容,但是如何确保项目审查时
这些法规得到贯彻? ························ 122

22.您对违背方案的审查、SAE审查以及涉及受试者和他人
风险的非预期问题的审查程序熟悉吗? ·········· 122

23.如果主管部门对于受试者保护有特殊要求,如何审查?
您如何知道这些要求? ······················ 123

24.你们有书面的审查工作表吗? 书面的指导原则您用吗? ····· 124

25.免除伦理审查(免于人体受试者研究保护规定)与非人
体受试者研究的区别是什么? ················ 124

26.如果涉及研究器械,您如何审查? ·············· 124

27.您知道不良事件、严重不良事件、不依从/违背方案、涉
及受试者和他人风险的非预期问题吗? ·········· 124

28.审查知情同意书时主要关注的问题是什么? ········· 125

29. 审查方案时您主要关注的问题是什么(您怎样对一个研究方案进行审查? 批准一个研究的条件是什么)? …… 125

30. 不依从/违背方案与不良事件的区别是什么? ……… 125

31. 跟踪审查是什么? 为什么需要跟踪审查? ………… 125

32. 您作为主任委员的职责是什么? ………………… 126

33. 主任委员是如何管理会议的? ……………………… 126

34. 您如何对伦理委员会委员进行持续的教育培训? …… 126

35. 什么时候需要邀请独立顾问? …………………… 127

36. 你们有使用紧急用药的时候吗? 怎样使用? ……… 127

37. 急诊室的临床研究你们会批准吗? 紧急情况下会怎样做? 这个时候需要请社区顾问吗? ……………… 127

38. 谁负责培训工作吗? ………………………………… 127

39. 副主任委员在伦理委员会的职责是什么? ………… 127

40. 副主任委员日常做些什么工作? ………………… 127

41. 副主任委员制定制度、SOP吗? 在这方面的职责是什么? …… 127

42. 您如何管理COI(利益冲突)? …………………… 128

43. 您是否有提前终止某个临床试验的经验? ………… 128

44. 您是否做过PI,您是如何处理利益冲突的问题的? ……… 128

45. 有领导为了某个项目的伦理审查向您施加压力吗? 如果有,怎么办? …………………………………… 128

46. 您是否审查项目的知情同意书? 有无审查知情同意过程? … 128

47. 您如何审查受试者补偿部分? 临床试验是否会用补偿来吸引潜在受试者? ………………………………… 128

48. 若PI将受试者的临床试验数据储存在自己的电脑中,但不小心丢失了,您觉得应当如何处理? ……………… 129

49. 临床试验超过伦理跟踪审查时限或超过伦理批准年限的情况下,会如何处理? …………………………… 129

50. 发生了违背方案的情况,谁负责调查? ………… 129

51. 谁来决定主审委员? ……………………………… 129

52. 是否有对委员的考核机制? 有没有委员因为不胜任工作,被取消资格的? ……………………………… 130

53. 伦理委员会是否会对PI及其研究团队开展临床试验的能力进行审查? ………………………………… 130

54. 您与医院的关系如何? …………………………… 130

55. 您做主审吗? 主要审查什么样的材料? 您如何审查项目? … 130

56. 您听得懂研究者的报告吗？不懂怎么办？ ………………………… 130

57. 会议审查时您有不明白的问题,会提问吗？您会不会有所顾虑？ … 130

58. 知情同意书是否有您看不懂的表述或医学术语？您怎么办？ ……… 130

59. 知情同意书所使用的文字如何让受试者了解？ ………………… 131

60. 有无测试工具了解同意书内容表达的程度？ …………………… 131

61. 知情同意书内容是否因方言不同而有所不同？ ………………… 131

62. 国际多中心项目递交的知情同意书等文件,在翻译后
有无简化？ …………………………………………………… 131

63. 如果会议审查时别人都同意了,您不同意这个项目怎么办？ …… 131

64. 您有没有什么政治信仰或宗教信仰,使得您不同意一些
项目,如胚胎研究？ …………………………………………… 131

65. 会议审查有哪些决定？如何决定？ …………………………… 131

66. 伦理委员会会议审查如何投票？ ……………………………… 132

67. 是否会审查招募方式？如果是,常见问题是什么？ …………… 132

68. 难以招募受试者时,可邀请伦理委员会委员协助招募
受试者吗？ …………………………………………………… 132

69. 国内多中心合作的研究方案,是否只需通过其中一家
医院的审查,即可执行？ ……………………………………… 132

70. 如果递交伦理审查的研究方案与实际执行方案有差异,
该如何处理？ ………………………………………………… 132

71. 贵院是如何进行跟踪审查的,审查周期是多少,如果超过
研究时间,怎么办？ …………………………………………… 133

72. 伦理委员会对研究者有何种帮助？ …………………………… 133

73. 研究中一般会纳入弱势群体吗？ ……………………………… 133

74. 当研究方案有可能发生放射性危害时怎样审查？ …………… 133

75. 如果发生药物相关死亡如何处理？ …………………………… 133

76. 小于18岁的受试者是否进行非最小风险的研究？ ………… 133

77. 儿童的知情同意过程是什么？是否获得儿童的同意？
是否有特定的告知书(Assent Form)？多大的孩子需
要签署Assent Form？ ……………………………………… 134

78. 精神科研究如何评估受试者的认知状态？会问哪些问题？ … 134

79. 有无对孕妇的试验项目？如何评估对胎儿的风险？ ……… 134

80. 你们审查的SAE多不多？一年大概几个？ ………………… 134

81. 能否讲述一个典型的伦理委员会(IRB)会议过程？比
如:谁主持审核？要多长时间？一次会议审核多少研究

计划？是否每人都有发言机会？怎样表决是否通过？ …… 134

82. 您认为伦理委员会中非科学背景委员和社区代表身份
的成员是否能在审核时作出贡献？ ……………………… 134

83. 在会议开始多久之前你们会收到上会的资料？这段时
间够您准备吗？ …………………………………………… 135

84. 主要审核人会收到哪种信息？其他成员呢？ …………… 135

85. 你们机构伦理委员会的最后决定是否总是一致？能否
举例当发生不一致情况的时候怎样解决？ ……………… 135

86. 当伦理委员会以外的成员或团体审核方案当中的科学
性或学术性问题的时候，这些信息怎样与您共享？ …… 136

87. 如果研究者或者部门领导给您压力要针对某个研究作
特殊决定的时候您会怎么办？这种情况发生过吗？ …… 136

88. 如果伦理委员会对某项研究方案审核不通过怎么办？
这种情况发生得多吗？ …………………………………… 136

89. 不依从/违背方案发生后并被提交到委员会后，你们是
怎样处理的？ ……………………………………………… 136

90. 您认为伦理委员会（IRB）成员都具有必要的专业素养
来审核研究方案吗？当一个研究超出了常规的专业范
围的时候怎样来审核方案？ ……………………………… 136

91. 能否举例说明对于伦理委员会（IRB）成员的"利益冲突"？
这种情况在伦理委员会（IRB）会议时是怎样处理的？ …… 137

92. 您在同意某个研究方案之前需要遵守的常规条款是怎
样来遵守的？（培训、申请表格、同意书模版和列表） …… 137

93. 有一些伦理委员会（IRB）会很快过一遍持续性审查
（比如：再次审核通过），这些情况在你们机构是怎样进
行的？ ……………………………………………………… 137

94. 你们怎样来评估方案的风险？ …………………………… 137

95. 你们在评估方案时有碰到过受试者受益小于风险的时候吗？ … 137

96. 你们在同意某一个研究方案之前是否会关注监测数据以
及安全性计划？比如：试验一旦开始，你们是否会获得
有关数据以及安全性监测的信息？ ……………………… 138

97. 关于隐私（个人及其周边环境）和保密（受试者的相关
数据）的区别是什么？匿名是指什么？ ………………… 138

98. 您在考虑PI保护隐私的方面会主要审核哪些方面的内容？ …… 138

99. 在保护弱势群体方面你们伦理委员会会有一些什么样

的特别保护措施? ·· 139

100. 曾经讨论过应该给受试者多少报酬吗? ·············· 139

101. 您怎样得知受试者在研究中受到的伤害是否持续存
在? 谁来为这些伤害买单? ································· 139

102. 你们是怎样审核招募广告的? ························· 139

103. 对于知情同意你们在审核时会遵循什么条款? (比如:
受试者是否有选择的机会? 受试者是否会被强迫? 语言
对于受试者来说是否合适? 是否包括了所有的东西?) ··· 139

104. 当研究是在另一个国家进行时,您怎样获得那个国家进
行研究环境的必要信息,包括习俗、居住环境、教育水平、
收入和医疗水平等(也称为局部环境)? ·············· 140

105. 对于备选的会员: 您接受了怎样的培训? 您作为伦理
委员会(IRB)成员的频率高不高? 当您被通知参会时,
会获取什么样的资料? 您是作为哪位伦理委员会(IRB)
成员的备选成员? ··· 140

第四章　针对伦理委员会秘书的问题·························· 141
1. 您的教育背景是什么,从事伦理秘书工作有多久了? ··· 141
2. 几位秘书的职责分工是什么? ·························· 141
3. 伦理审查的程序是什么? ······························· 141
4. 几位秘书都负责写会议纪要吗? ······················· 141
5. 两位都审查项目吗? ······································ 141
6. 什么时候用到独立顾问? 独立顾问的权利具体是什么? ··· 142
7. 涉及儿童的临床试验的知情同意过程有什么特殊要求? ··· 142
8. 伦理审查的主审程序是什么? ·························· 142
9. 您如何选择主审委员? ··································· 142
10. 伦理会议主持人是谁? 每次都有外单位人参加吗? 会
议记录谁负责? ·· 143
11. 会议记录中有很多"建议...",但是最后都是同意,那么
这些建议是不是不需要的吗? ······························ 143
12. 会议审查的决定人数是如何定义的? 谁负责确定法定
人数? 中途有人退场吗? 有人晚到吗? 这样的情况如
何处理? 有没有记录? ······································· 143
13. 会议上有无委员回避的情况? ························· 143
14. 部分委员来会议少,为什么,有什么措施? ········· 143

15．近两年来伦理委员会（IRB）的改进，有无线上系统？ …… 144

16．承接上题，线上系统的填写方式和下载情况如何，本系统
　　为贵院研究之系统吗？ ……………………………………… 144

17．审查方案文件保存年限，目前超过年限的文件有多少？ … 144

18．新人如何学会写会议记录？ ………………………………… 144

19．会议记录多少日内要完成？ 如何审核？ ………………… 144

20．当出席人数仅有一位非医学委员时，开会时是否有这位
　　委员离席的情形？ 会议是否继续或停止？ ……………… 144

21．委员审查时间为多久？ 一般审查项目审查时间约多久？ … 144

22．跟踪审查—委员之意见大部分为何？ …………………… 145

23．审查方案增加，行政人员是否有增加？ ………………… 145

24．主管是否针对行政人员评核？ 是否针对委员进行面谈？ … 145

25．如何帮助试验主要研究者明确试验案是否涉及人体研究？ … 145

26．接收申请时，最常见之问题为何？ 变更案为例，常发生
　　之问题？ 修订案为例，持续审查为例，常发生之问题？ …… 145

27．处理收件、核对文件外，是否含审阅文件内容？ ………… 145

28．谁在机构里负责HRPP？ …………………………………… 146

29．你们有足够的人来做这件事吗？ ………………………… 146

30．如果人手不足的话，受试者是否会处于危险当中？ …… 146

31．谁负责研究方案的科学性审查？ ………………………… 146

32．当你们被质疑到是否有另外的机构也会审核这个研究
　　时（多中心研究），谁来作最终决定？ …………………… 146

33．当你们中心的一个PI是多中心研究的PI，而且这个研究
　　是需要伦理审核的，那么你们伦理委员会（IRB）应当承
　　担什么样的责任？ ………………………………………… 146

34．你们医院的放射性安全部门和生物安全部门是怎样协
　　同工作的？ ………………………………………………… 146

35．伦理委员会（IRB）的决定怎样告知研究者，有什么样的
　　时间限制？ ………………………………………………… 147

36．怎样保证您受到了足够必须的培训？ 您受到了怎样的培训？ … 147

37．谁负责保管伦理委员会（IRB）花名册以及谁负责把它
　　提交给合适的管理机构？ ………………………………… 147

38．管理依从性的员工的职责是什么？ ……………………… 147

39．当一个活动被质疑是否为人类受试者研究的时候，这时
　　候伦理委员会（IRB）办公室会作出怎样的应对？ ………… 147

40. 您怎样保证没有利益冲突？ ………………………………… 148

41. 对于豁免和快速审查的要求你们伦理委员会（IRB）是怎样处理的？ ………………………………………………… 148

42. 对于急救药物和医疗器械的审核你们是怎样做的？ ……… 148

43. 您要完成哪些日常工作？ ………………………………… 148

44. 谁来负责快速审核？［您能够做加快审核工作是因为您被授予了权限，并且是一个后备伦理委员会（IRB）成员］ … 148

45. 描述一个新研究方案从接收到完整上会的过程？ ………… 148

46. 当研究方案中存在延迟披露的信息，并且需要委员会审核的时候，应该怎样做？ ………………………………… 149

47. 当受试者打电话时你们会怎样反应，谁来处理投诉电话？ …149

48. 伦理委员会成员怎样获得完整的研究方案？ …………… 149

49. 会议记录的评审周期是多久？ …………………………… 149

50. 你们的机构政策或规定有所更新的时候是怎样通知大家的？ … 149

51. 您作为伦理委员会（IRB）员工是否有关于您的工作的正式评估？ ……………………………………………… 149

52. 您怎样来改进伦理委员会（IRB）的工作？ ……………… 149

53. 在医院里最大的不依从性的研究范围是在哪个方面？ …… 150

54. 您是伦理委员会（IRB）成员吗？是哪一个的后备成员？ …… 150

第五章　针对相关管理人员的问题 …………………………… 151
　第一节　主管院领导 ……………………………………… 151

1. 请您介绍贵院的HRPP体系？ …………………………… 151

2. 贵院的受试者教育是怎样进行的？ ……………………… 151

3. 您怎样支持HRPP的工作？在行政、空间、财政上？ …… 151

4. 你们医院有几个伦理委员会？ …………………………… 151

5. 你们医院进行的研究的项目越来越多，您是怎样管理的？ … 151

6. 您所在的办公室或委员会是做什么的？ ………………… 152

7. 您对保护受试者是怎样看的？您（您的办公室或委员会）是怎样和伦理委员会（IRB）或者其他成员来打交道的？ … 152

8. 医院怎样保证人类受试者的研究接受正确的审核和监督？如果是学生、培训生和进修生的研究，怎样来保护受试者？ … 152

9. 学生做研究时怎样来监管和引导？ ……………………… 153

10. 研究过程中出现涉及受试者和他人风险的非预期问题的时候怎么办？比如谁来解决问题？医院怎样处理？举例。 … 153

11．有关依从性的问题上报到委员会后意味着什么？怎样来处理这种情况？ ·· 154

12．您认为在保护受试者体系中的伦理委员会（IRB）成员或其他相关人员有足够的资源来完成他们的工作吗？ ········· 154

13．医院政策对于研究者的外部经济/非经济利益冲突是怎样的？家庭成员？机构自身？ ································ 154

14．怎样保证研究药物只在相关研究项目的受试者当中应用，只能被研究者处方？采取什么措施来保证？ ········· 155

15．怎样处理合约以保证受试者权益？比如：研究相关损伤？研究结果公布或出版？申办者的责任有哪些？监测数据安全的计划？与受试者相关的新信息？合约是否与知情同意一致？比如：当申办者撤资时怎样处理？ ·············· 155

第二节　药物管理人员 ··· 156

16．您是如何管理药物的？ ·· 156

17．您如何对待试验药的紧急使用？ ································· 156

18．您会检查知情同意吗？要求有副本吗？ ··················· 157

19．您会检查纳入/排除标准吗？有什么机制来检查？ ········· 157

20．试验药房与临床药房的区别是什么？如何区分不同的职责？（机构——专业护士——培训） ···················· 157

21．研究者管理试验用药吗？ ·· 157

22．临床试验药师来管理用药吗？程序是什么？ ··············· 157

23．谁负责药物的检查？谁负责监查？ ··························· 157

24．如何管理24小时需要用的试验药？ ·························· 158

25．谁负责分发试验用药？ ·· 158

26．您怎样与研究组联系？ ·· 158

27．您有被要求来评估某个研究方案的科学性吗？ ············· 158

28．药房发药之前你们有什么措施、政策或操作流程来保证这个研究已经被伦理委员会（IRB）通过了？ ··············· 158

29．怎样确保在发药前保证受试者已入组？ ··················· 158

30．当伦理委员会（IRB）要求研究暂停或终止的时候，你们多久会获得此类信息？怎样进行交流？ ···················· 158

31．你们怎样负责研究药物或器械的安全问题？ ··············· 159

32．当研究药物需要超适应证使用，或需要使用非上市药物，您怎样确保这个药物或研究方案符合CFDA豁免情况？ ··· 159

33．有什么样的政策或措施来保证研究者是否了解试验药物

或器械以及是否依从这些政策或措施进行了相关培训？ … 159

34.研究者计划中的方案审核中怎样确保被检测药物的安全？ … 159

35.您碰到过需要紧急使用被研究药物的情况吗？如果有，
怎样保证获得知情同意？ …………………………………… 159

36.怎样保证合适的人来处方试验药物？ ………………………… 160

37.在伦理委员会（IRB）同意的试验方案中您如何保证受试者
会得到合适的交流和处理？ …………………………………… 160

38.怎样保证研究药师的参与研究过程能够有质量保证，怎样
保证其他的部门能够及时接收关于你们研究活动评估的报
告（包括质量控制和质量提高）？ ……………………………… 160

39.您是怎样对你们的服务来进行监控和质控的？ …………… 160

40.当研究过程中出现违反研究方案或者对受试者造成额外
风险的问题时您会怎么做？ …………………………………… 160

第三节　临床试验和研究办公室人员…………………………… 161

41.关于专利、版权，您有什么问题吗？如何处理？ ………… 161

42.如何与申办者谈合同？有问题吗？ ………………………… 161

43.如何检查合同条款？有无专门术语？会要求修改吗？ …… 161

44.合同里一般有保护受试者的条款吗？ ……………………… 161

45.您要求数据安全监察计划吗？谁负责接收报告？［只负责
合同中有这个条款，伦理委员会（IRB）负责数据安全监察
计划，是伦理委员会（IRB）和机构接收数据安全监察计划］… 161

46.如何处理利益冲突？机构利益冲突？ ……………………… 162

第四节　机构质控人员………………………………………… 162

47.您属于哪个部门？ …………………………………………… 162

48.您做了多少次质控？ ………………………………………… 162

49.您怎样选择需要质控的项目？ ……………………………… 162

50.您会检查所有文件吗？还是只挑选其中的一部分进行检查？ … 162

51.您会选择什么样的项目进行质控？如何告诉PI？ ………… 162

52.您接受过什么样的培训？ …………………………………… 162

53.谁负责报告CFDA或其他管理部门？ ……………………… 163

54.受试者涉及生物安全和放射安全的问题时，你们会聘请独
立顾问吗？ ……………………………………………………… 163

55.申请AAHRPP项目，增加了很多工作，很多文件需要准备，
对你们受试者保护体系有什么影响吗？ …………………… 163

56.科学委员会谁来发动？ ……………………………………… 163

57.外单位人员来本院研究,如何监管? 我院人员到外院进行
　　研究,如何监管? ·· 163

附　　录

附录一　国际法规指南 ··· 167
附录二　中国法规指南 ··· 168
附录三　AAHRPP认证标准(2009年) ························· 171

第一篇 AAHRPP认证标准解读

AAHRPP提倡人体医学研究试验中要遵循保护受试者及其相关人员的基本伦理原则,目的在于保护人体试验和研究中的受试者和患者权益,体现尊重、有利、不伤害和公正的伦理原则,从而实现规范化、高质量的医学研究目标。AAHRPP认证是以申请机构为主体,以伦理委员会为切入点的认证过程,其认证标准分3个领域,又可细化为15个标准和60个要素,这些基本的标准和要素符合美国政府和全球很多其他政府对于受试者保护的要求。按照AAHRPP的标准,本篇内容分为机构、伦理委员会、研究者及其团队三大块。

AAHRPP于2015年11月公布了AAHRPP标准中文版,但是翻译存在以下不足之处:①准确性不足:有些语句不符合中国人的表达习惯,翻译的准确性不够,和中国文化有冲突之处;②国内外法规不同:AAHRPP参照的是国际指南和美国的相关法规,但是在中国做临床研究时会优先选择本国法规;③标准与实践偏差:仅仅依靠AAHRPP标准,指导实践的可操作性不强,需要结合中国文化背景和思维模式将其具体化。

为了使AAHRPP标准能够在中国得到更好的理解,本书参照AAHRPP的官方标准,就两者的不同之处进行了理论解读和实操指导,以期推动更多研究机构申请AAHRPP国际认证,从而在全国范围内构建符合我国国情的更加有效的受试者保护体系。

第一章

Domain Ⅰ: Organization
领域1:机　　构

Standard Ⅰ-1: The Organization has a systematic and comprehensive Human Research Protection Program that affords protections for all research participants. Individuals within the Organization* are knowledgeable about and follow the policies and procedures of the Human Research Protection Program*.

标准Ⅰ-1:该机构具有一个系统而全面的人类研究保护体系,能为所有研究参与者提供保护。机构*内部人员熟知并遵循人类研究保护体系*的政策和程序。

（1）Element Ⅰ.1.A. The Organization* has and follows written policies and procedures for determining when activities are overseen by the Human Research Protection Program.

细则Ⅰ.1.A.该机构*制定并遵守书面的工作准则和规程,旨在明确研究活动将在何时受到人类研究保护体系的监督。

（2）Element Ⅰ.1.B. The Organization delegates responsibility for the Human Research Protection Program* to an official with sufficient standing, authority, and independence to ensure implementation and maintenance of the program.

机构(Organization):涉及人体研究的机构,医院、独立的伦理委员会、研究机构、申办者、CRO公司以及大学和政府机构都可以申请认证。

人类研究保护体系(Human Research Protection Program):AAHRPP将program翻译为计划,其实人类研究保护不单只是一个计划或项目,而是由相互协作的多个体和部门组成的标准体系。

解读同上。

3

体系（Human Research Protection Program）：解读同上。

删除了 AAHRPP "载明人类研究保护计划的道德伦理标准和实践的书面政策和程序。赞助者、研究员、研究工作人员、研究参与者和机构审查委员会/伦理委员会公布相关政策和程序。"此处和 Element I.1.D 翻译重复。

申办者（Sponsor）：AAHRPP 的翻译为赞助者。发起一项临床试验，并对该试验的启动、管理、财务和监查负责的公司、机构或组织（药物临床试验质量管理规范, 2003）。

研究者（Researchers）：AAHR-PP 的翻译为研究员, 和 investigator 意思相同, 研究者（investigator）, 实施临床试验并对临床试验的质量及受试者安全和权益的负责者。研究者必须经过资格审查, 具有临床试验的专业特长、资格和能力。（药物临床试验质量管理规范, 2003）。

研究工作人员（Research Staff）：一般指管理人员、行政人员。

解读同上。

细则 I.1.B. 该机构指派一名高级人员负责人类研究保护体系, 授予其足够的地位、权力和独立性, 以确保计划（体系*）的实施和持续。

（3）Element I.1.C. The Organization has and follows written policies and procedures that allow the Institutional Review Board or Ethics Committee to function independently of other organizational entities in protecting research participants.

细则 I.1.C. 该机构制定并遵守了人类研究保护体系的书面的工作准则和规程, 以保证伦理委员会保护受试者工作的独立运行。

（4）Element I.1.D. The Organization has and follows written policies and procedures setting forth the ethical standards and practices of the HRPP. Relevant policies and procedures are made available to Sponsors*, Researchers*, Research Staff*, research participants*, and the IRB or EC, as appropriate.

细则 I.1.D. 该机构制定并遵守了人类研究保护体系的伦理标准与实践的书面的工作准则和规程。适时向申办者*、研究者*、研究工作人员*、受试者*和机构审查委员会/伦理委员会公布相关政策和程序。（可拟定 IRB 职能、HRPP 资源获取途径的 SOP）

（5）Element I.1.E. The Organization has an education program that contributes to the improvement of the qualifications and expertise of individuals responsible for protecting the rights and welfare of research participants*.

细则 I.1.E. 该机构提供教育项目, 旨在提高负责保障受试者*权益和福利的相关工作人员的资历和专业知识。

（6）Element I.1.F. The Organization has and follows written policies and procedures for reviewing the scientific or scholarly validity* of a proposed research study. Such procedures are coordinated with the ethics review process.

细则 I.1.F. 该机构制定并遵守书面的工作准则和规程，以便审查拟定进行的研究的科学或学术方面的真实性*。此类程序须和伦理审查程序相协调。

真实、科学（scientific or scholarly validity）：AAHRPP 的翻译为有效性，强调记录和数据的真实性。

（7）Element I.1.G. The Organization has and follows written policies and procedures that identify applicable laws* in the localities where it conducts human research, takes them into account in the review and conduct of research, and resolves differences between federal or national law and local laws.

细则 I.1.G. 该机构制定并遵守书面的工作准则和规程，以确认开展人类研究所在地的适用法律法规*，并在评估和开展调查时对此类法律法规加以考虑，同时消解（国内外法规）联邦或国家法律和地方法规之间的差异。

法律法规（applicable laws）：AAHRPP 的翻译为法律，但在我国有许多临床研究的文件并未上升到法律层面，因此，使用法律法规更适合我国实情。

同时消解联邦或国家法律和地方法规之间的差异：我国不存在联邦和国家法规的差异，因此此处不适用。

Standard I-2：The Organization ensures that the Human Research Protection Program* has resources sufficient to protect the rights and welfare of research participants* for the research activities that the Organization conducts* or oversees.

标准 I-2：该机构确保人类研究保护体系*充足完善，从而足以在该组织实施*或监督研究活动时保障受试者*的权益和福利。

解读同上。

"举办"不适合语境。

解读同上。

Standard I-3：The Organization's transnational research activities are consistent with the ethical principles set forth in its Human Research Protection Program* and meet equivalent levels of participant* protection as research conducted in the Organization's principal location while complying with local laws and taking into account cultural context.

解读同上。

AAHRPP 的翻译为研究参与者，容易引起歧义。

主要针对国际多中心研究，需要明确哪些国际通用法规或本国法规是优先遵守的。

标准Ⅰ-3：该机构的跨国研究活动符合人类研究保护 体系 *规定中的伦理准则，并与该机构的主要研究所在地研究 受试者 *权益的保护水平一致，同时遵守当地法律并考虑当地文化背景。

Standard Ⅰ-4: The Organization responds to the concerns of research participants*.

标准Ⅰ-4：该机构对 受试者 *的顾虑作出回应。

受试者(research participants)：解读同上。

指定代表(designated representatives)：意思相当于法定代理人，法定代理人的其他翻译，详见（1）ICH-GCP，法定代理人(Legally Acceptable Representative)，在适用法律下被授权代表一位未来的对象同意参加临床试验的个人，或司法人员或其他机关。（2 ）（ Code of Federal Regulations, Title 45 Public Welfare, Department of Health and Human Services Part 46 Protection of Human Subjects, 2009) 法定代理人(Legally Authorized Representative)，在适用法律下被授权代表一位未来的对象同意参加临床试验的个人，或司法人员或其他机关。

可以根据这一细则写知情同意过程、知情告知的要素、隐私和保密、弱势群体知情、研究者和伦理委员的保密声明的管理制度和SOP。

（8）Element Ⅰ.4.A. The Organization has and follows written policies and procedures that establish a safe, confidential, and reliable channel for current, prospective, or past research participants* or their designated representatives* that permits them to discuss problems, concerns, and questions; obtain information; or offer input with an informed individual who is unaffiliated with the specific research protocol.

细则Ⅰ.4.A. 该机构制定并遵守书面的工作准则和规程，为当前、未来和过去的 受试者 *或其 指定代表 *建立一个安全、保密、可靠的允许他们讨论问题、顾虑和疑问并获取信息渠道；或提供一位与特定研究方案或计划无关联的知情人士为他们提供咨询。

（9）Element Ⅰ.4.B. The Organization conducts activities designed to enhance understanding of human research by participants*, prospective participants*, or their communities, when appropriate. These activities are evaluated on a regular basis for improvement.

细则 Ⅰ.4.B. 该机构适时开展活动，旨在加深受试者 *、潜在受试者 *或他们社区人员对人类研究的理解。定期对相关活动进行评估以获取改进。

（10）Element Ⅰ.4.C. The Organization promotes the involvement of community members, when appropriate, in the design and implementation of research and the dissemination of results.

细则 Ⅰ.4.C. 在设计和实施研究活动以及在传播研究结果时，该机构适时鼓励社区人员踊跃参与。

Standard Ⅰ-5：The Organization measures and improves, when necessary, compliance with* organizational policies and procedures and applicable laws, regulations, codes and guidance*. The Organization also measures and improves, when necessary, the quality, effectiveness, and efficiency of the Human Research Protection Program.

标准 Ⅰ-5：在必要时，该机构根据相关政策和程序以及适用的法律法规、条例和 指南 *，评估并改进机构的 合规性 *。在必要时，该机构评估并改进人类研究保护体系的质量、成效和效率。

（11）Element Ⅰ.5.A. The Organization conducts audits* or surveys or uses other methodologies to assess compliance with organizational policies and procedures and applicable laws, regulations, codes and guidance. The Organization makes improvements to increase compliance, when necessary.

细则 Ⅰ.5.A. 在必要时，该机构采用 稽查 *、问卷调查或其他形式，根据机构政策和程序以及适用的法律法规、条例和指南来评估机构的合规性。必要时，该机构作出改进以提高合规性。

解读同上。

AAHRPP的翻译为准参与者，不符合我国语境。

可根据这一细则写HRPP培训，GCP培训，HRPP年度评估、持续改进的管理制度和SOP。

涉及社区，因此可根据这一细则写IRB的人员组成情况、非科学委员、社区代表的管理制度和SOP。

AAHRPP的翻译为指导，在我国语境下指南更为贴切。

合规性（compliance with）：根据ICH-GCP的定义，依从性可翻译为遵守与试验有关的所有要求、临床试验管理规范（GCP）要求和适用的管理要求。建议机构层面的翻译为"合规性"，研究层面的翻译为依从性，一致性，以作区分。

AAHRPP的翻译为审核，ICH-GCP中也有关于稽查的规定，指对试验相关活动和文件进行系统和独立的考察，以判定试验的实施和数据的记录、分析与报告是否符合试验方案、申办者的标准操作规程（SOP）、临床试验管理规范以及适用的管理要求。此处指的是机构的稽查，以评价机构临床研究体系实施对法规、试验方案、管理制度和SOP的依从性。可根据这一细则撰写依从性监管委员会职能、临床研究质量持续改进委员会职能、研究方案违背/偏离伦理审查的管理制度和SOP。

（12）Element Ⅰ.5.B. The Organization conducts audits* or surveys or uses other methodologies to assess the quality, efficiency, and effectiveness of the Human Research Protection Program. The Organization identifies strengths and weaknesses of the Human Research Protection Program and makes improvements, when necessary, to increase the quality, efficiency, and effectiveness of the program.

解读同上。

可根据这一细则撰写临床研究质量持续改进委员会职能、管理制度和SOP。

细则Ⅰ.5.B. 在必要时，该机构采用 稽查 *、问卷调查或其他形式，评估并提高人类研究保护体系的质量、成效和效率。在必要时，该机构确认人类研究保护体系的优势和缺陷，进而作出改进以提升该计划的质量、成效（效果）和效率。

（13）Element Ⅰ.5.C. The Organization has and follows written policies and procedures so that Researchers and Research Staff* may bring forward to the Organization concerns or suggestions regarding the Human Research Protection Program, including the ethics review process.

研究者及其研究团队（Researchers and Research Staff）：AAHRPP的翻译为"研究员和研究工作者"。可根据这一细则撰写研究者与人类研究保护体系中的部门如伦理委员会的沟通渠道，获取人类研究保护体系信息的途径的管理制度和SOP。

细则Ⅰ.5.C. 该机构制定并遵守书面的工作准则和规程，以便研究者及其研究团队*向机构提出反馈人类研究保护体系（包括伦理审查流程）的顾虑或建议。

（14）Element Ⅰ.5.D. The Organization has and follows written policies and procedures for addressing allegations and findings of non-compliance* with Human Research Protection Program requirements. The Organization works with the IRB or EC, when appropriate, to ensure that participants are protected when non-compliance occurs. Such policies and procedures include reporting these actions as appropriate.

8

细则Ⅰ.5.D.该机构制定并遵守书面的工作准则和规程，以处理违背*人类研究保护体系相关规定的指控和其他被发现的问题。该机构适时与机构审查委员会/伦理委员会合作，以保证在违规行为发生时保护研究参与者的权益。上述工作准则和规程包括对此类情况进行的适时汇报。

Standard Ⅰ-6：The Organization has and follows written policies and procedures to ensure that research is conducted so that financial conflicts of interest are identified, managed, and minimized or eliminated.

标准Ⅰ-6：该机构制定并遵守工作准则和规程，以保证在经济利益冲突得到识别、控制，尽量减少或者完全消除的情况下展开研究。

（15）Element Ⅰ.6.A. The Organization has and follows written policies and procedures to identify, manage, and minimize or eliminate financial conflicts of interest of the Organization that could influence the conduct of the research or the integrity* of the Human Research Protection Program.

细则Ⅰ.6.A.该机构制定并遵守工作准则和规程，以识别、控制和尽量减少或完全消除可能会影响研究或人类研究保护体系整体性*的机构经济利益冲突。

（16）Element Ⅰ.6.B. The Organization has and follows written policies and procedures to identify, manage, and minimize or eliminate individual financial conflicts of interest of Researchers and Research Staff* that could influence the conduct of the research or the integrity* of the Human Research Protection Program*. The Organization works with the IRB or EC in ensuring that financial conflicts of interest are managed and minimized or eliminated, when appropriate.

违背（non-compliance）：不依从，AAHRPP的翻译为违反。一个研究者/研究机构或申办者的工作人员对于试验方案、SOP、GCP和（或）适用管理要求不依从时，申办者应当立即采取措施以确保依从。(ICH-GCP)

这一细则主要是机构审查委员会/伦理委员会对安全性信息的规定，可根据该细则撰写伦理委员会对SAE、SUSAR、方案违背及不依从的审查流程，SAE报告部门和流程，方案偏离和方案违背，SAE报告，方案偏离和方案违背报告的管理制度和SOP。

可根据这一细则撰写利益冲突的定义、利益冲突的评估和管理、研究者利益冲突声明的管理制度和SOP。

研究者及研究团队(Researchers and Research Staff): AAHRPP的翻译为研究员或研究工作人员,(已改为研究者及研究工作人员)。

解读同上。

完整性、整体性(integrity):解读同上。

可根据这一细则撰写利益冲突的定义、利益冲突的评估和管理、伦理委员利益冲突声明的管理制度和SOP。

细则Ⅰ.6.B. 该机构制定并遵守工作准则和规程,以识别、控制和尽量减少或完全消除涉及研究者及研究工作人员*且可能会影响研究或人类研究保护体系*整体性*的个人经济利益冲突。该机构适时与机构审查委员会/伦理委员会合作,以保证经济利益冲突得到识别、控制且尽量减少或完全消除。

Standard Ⅰ-7: The Organization has and follows written policies and procedures to ensure that the use of any investigational or unlicensed test article complies with all applicable legal and regulatory requirements.

标准Ⅰ-7: 该机构制定并遵守工作准则和规程,以保证一切试验性或未经许可的试验品符合适用的法律法规规定。

(17)Element Ⅰ.7.A. When research involves investigational or unlicensed test articles, the Organization confirms that the test articles have appropriate regulatory approval or meet exemptions for such approval.

细则Ⅰ.7.A. 当研究涉及使用试验性或未经许可的试验品时,该机构确认这些试验品通过相应监管机构的批准或获得豁免批准。

可根据这一细则撰写研究药物和器械的定义、豁免试验条件、紧急使用、IRB的审查程序、IRB对紧急情况下知情同意的豁免、研究者的职责、药物发放和回收记录表等管理制度和SOP。

(18)Element Ⅰ.7.B. The Organization has and follows written policies and procedures to ensure that the handling of investigational or unlicensed test articles conforms to legal and regulatory requirements.

细则Ⅰ.7.B. 该机构制定并遵守工作准则和规程,以保证对一切试验性或未经许可的试验品的处理符合法律法规规定。

可根据这一细则撰写研究药物和器械的定义、豁免试验条件、紧急使用、IRB的审查程序、IRB对紧急情况下知情同意的豁免、研究者的职责、药物发放和回收记录表等管理制度和SOP。

(19)Element Ⅰ.7.C. The Organization has and follows written policies and procedures for compliance with legal and regulatory requirements governing emergency use of an investigational or unlicensed test article.

细则Ⅰ.7.C.该机构制定并遵守工作准则和规程，以保证对一切试验性或未经许可的试验品的紧急使用管理符合相关法律法规规定。

可根据这一细则撰写试验物品紧急使用的管理制度和SOP。

Standard Ⅰ-8：The Organization works with public, industry*, and private Sponsors to apply the requirements of the Human Research Protection Program to all participants.

标准Ⅰ-8：该机构与公众、制药企业*和私人申办者合作，确保所有参与者均遵守人类研究保护体系。

制药企业(industry)：AAHRPP的翻译为产业。

（20）ElementⅠ.8.A. The Organization has a written agreement with the Sponsor* that addresses medical care* for research participants* with a research-related injury*, when appropriate.

细则Ⅰ.8.A.该机构就研究"发生研究相关的损害*"时为受试者*适时提供医疗服务*(医疗护理服务)与申办者*签订一份书面协议。

发生研究相关的损害（research-related injury）：AAHRPP的翻译为相关受伤情况。

受试者：解读同上。

医疗服务（medical care）：AAHRPP的翻译为医疗护理服务。

申办者(Sponsor)：我国通常翻译为申报方，指对一个临床试验的发起、管理和财务负责的个人、公司、机构或组织。

（21）ElementⅠ.8.B. In studies where Sponsors conduct research site monitoring visits or conduct monitoring* activities remotely, the Organization has a written agreement with the Sponsor that the Sponsor promptly reports to the Organization findings that could affect the safety of participants* or influence the conduct of the study.

可根据这一细则撰写三方协议或合同的管理制度和签署流程，拟定合同标准模板。

细则Ⅰ.8.B.在涉及申办者进行现场监查研究或远程监控*活动的研究方面，该机构会与申办者签订一份书面合同，以便申办者迅速向机构汇报可能会影响受试者*安全或研究进行的监控发现情况。

解读同上。

监督一个临床试验的进展，保证临床试验按照试验方案、标准操作程序（SOP）、临床试验管理规范（GCP）和适用的管理要求实施、记录和报告的活动。（ICH-GCP）

（22）ElementⅠ.8.C. When the Sponsor has the responsibility to conduct data and safety monitoring*, the

Organization has a written agreement with the Sponsor that addresses provisions for monitoring the data to ensure the safety of participants* and for providing data and safety monitoring reports to the Organization.

解读同上。

解读同上。

可根据这一细则撰写三方协议和合同的管理制度和SOP。

细则Ⅰ.8.C.若申办者负责对数据和安全进行监查(监控)*,该机构与申办者签订一份关于数据监控规定的书面协议,以保证参与者*的安全并向机构提供数据与安全监控报告。

（23）Element Ⅰ.8.D. Before initiating research, the Organization has a written* agreement with the Sponsor about plans for disseminating findings* from the research and the roles that Researchers and Sponsors will play in the publication or disclosure of results.

写明(written):AAHRPP的翻译为"载明"。

研究中发现的计划(plans for disseminating findings):AAHRPP的翻译为研究发现计划,语句不通。

细则Ⅰ.8.D. 在研究开始前,该机构与申办者签订一份书面协议,(写明*)载明并公布(研究中发现的计划*)研究发现计划,以及研究者和申办者将在出版(公布或公开)研究结果时担当的角色。

（24）Element Ⅰ.8.E. When participant safety could be directly affected by study results after the study has ended, the Organization has a written agreement with the Sponsor that the Researchers or Organization will be notified of the results in order to consider informing participants*.

受试者(participants):解读同上。

可根据这一细则撰写三方协议和合同的管理制度和SOP。

细则Ⅰ.8.E. 若研究结束后,受试者*的安全可能被研究结果直接影响,该机构与申办者签订一份书面协议,以确保研究者和机构将获知结果,以便考虑通知参与者。

Domain II : Institutional Review Board or Ethics Committee
领域2：伦理委员会

Standard II -1：The structure and composition of the IRB or EC are appropriate to the amount and nature of the research reviewed and in accordance with requirements of applicable laws, regulations, codes*, and guidance*.

标准 II -1：机构审查委员会/伦理委员会的结构和组成应适合研究审查的工作量和性质，并符合适用的法律法规、条例*和 指南*的要求。

（25）Element II . 1. A. The IRB or EC membership permits appropriate representation at the meeting for the types of research under review, and this is reflected on the IRB or EC roster. The IRB or EC has one or more unaffiliated members; one or more members who represent the general perspective of participants; one or more members who do not have scientific expertise; one or more members who have scientific or scholarly expertise; and, when the IRB or EC reviews research that involves vulnerable participants, one or more members who are knowledgeable about or experienced in working with such participants.

细则 II . 1. A. 参加审查会议的IRB成员能够满足审查项目的要求，这可以反映在IRB委员清单中。IRB拥有至少一个非隶属成员；至少一个代表受试者成员；至少一个为非科学成员；至少一个为科学或学术专家；并且当研究涉及弱势群体时，至少有一个具有此相关经验的成员。

条例（codes）：AAHRPP的翻译为规范。

指南（guidance）：解读同前。

AAHRPP的翻译较为生涩，原文如下：机构审查委员会/伦理委员会的成员制度应允许成员适当参与有关审查下的研究类型的会议，并将此反映在机构审查委员会或伦理委员会的花名册上。机构审查委员会/伦理委员会应具有一个或多个利益不相关成员；一个或多个代表参与者一般观点的成员；一个或多个不具备科学专长的成员，一个或多个具备科学或学术专长的成员；当定期审查有弱势参与者的研究时，机构审查委员会/伦理委员会应具有一个或多个在与参与者共事方面熟练或经验丰富的成员。

可根据这一细则撰写IRB委员、IRB组成、IRB委员的任命的管理制度和SOP。

（26）Element Ⅱ.1.B. The IRB or EC has qualified leadership*（e.g., chair and vice chair）and qualified members and staff*. Membership and composition of the IRB or EC are periodically reviewed and adjusted as appropriate.

相关资质的领导（qualified leadership）：AAHRPP的翻译为资格。

合格的委员和工作人员（qualified members and staff）：AAHRPP的翻译为合资格的成员和工作人员。可根据这一细则撰写IRB委员、IRB组成、IRB委员的任命的管理制度和SOP。

细则Ⅱ.1.B. 机构审查委员会/伦理委员会拥有具备 相关资质的领导 *（例如主席和副主席）以及 合格的委员和工作人员 *。应定期对机构审查委员会/伦理委员会的成员制度和组成进行审查,并适时调整。

（27）Element Ⅱ.1.C. The Organization has and follows written policies and procedures to separate competing business interests from ethics review functions.

细则Ⅱ.1.C. 该机构制定并遵守书面的工作准则和规程,将具有竞争性的商业利益和伦理审查职能加以区分。

可根据这一细则撰写IRB审查范围、IRB的角色和职责的管理制度和SOP。

（28）Element Ⅱ.1.D. The IRB or EC has and follows written policies and procedures so that members and consultants do not participate in the review of protocols or research plans in which they have a conflict of interest, except to provide information requested by the IRB or EC.

细则Ⅱ.1.D. 机构审查委员会/伦理委员会制定并遵守书面的工作准则和规程,如果IRB 委员或顾问存在有利益冲突的可能,除了要求其提供必要专业知识和信息之外,根据规定还要求他们必须回避相关研究项目的审查。

AAHRPP的翻译较为生涩,原文为:以便成员和顾问避免参与和他们有利益冲突的研究方案或计划审核,但按机构审查委员会或伦理委员会要求提供信息除外。

可根据这一细则撰写IRB委员的利益冲突、独立顾问的管理制度和SOP。

（29）Element Ⅱ.1.E. The IRB or EC has and follows written policies and procedures requiring protocols or research plans to be reviewed by individuals with appropriate scientific or scholarly expertise and other expertise or knowledge as required to review the protocol or research plan.

细则 Ⅱ.1.E. 机构审查委员会/伦理委员会制定并遵守书面的工作准则和规程，要求研究方案或计划经由具有适当科学或学术专长，或具有就审查研究而言属必要的其他专长和知识的人士进行审核*。

可根据这一细则撰写 IRB 委员、IRB 组成、IRB 委员的任命、IRB 出席会议要求的管理制度和 SOP。

Standard Ⅱ-2: The IRB or EC evaluates each research protocol or plan to ensure the protection of participants*.

标准 Ⅱ-2：机构审查委员会/伦理委员会评估每项研究方案或计划，从而保障 受试者 *的权益。

Participants: 受试者, AAHRPP 原文为参与者。

（30）Element Ⅱ.2.A. The IRB or EC has and follows written policies and procedures for determining when activities are exempt from applicable laws and regulations, when permitted by law or regulation and exercised by the IRB or EC. Such policies and procedures indicate that exemption determinations are not to be made by Researchers or others who might have a conflict of interest regarding the studies.

细则 Ⅱ.2.A. 机构审查委员会/伦理委员会制定并遵守书面的工作准则和规程，以确定在相关法律法规允许以及机构审查委员会或伦理委员会审查认定可执行的情况下，研究活动何时豁免遵守适用的法律法规。这些工作准则和规程表明，活动是否豁免的决定不应由研究者或可能在研究方面有利益冲突的其他人士作出。

（31）Element Ⅱ.2.B. The IRB or EC has and follows written policies and procedures for addressing protection of participants in research that is exempt from applicable regulations. These functions may be delegated to an entity other than the IRB or EC.

细则 Ⅱ.2.B. 机构审查委员会/伦理委员会制定并遵守书面的工作准则和规程，保护豁免于相关法律法规的参与研究的 受试者 。此职能可委托于机构审查委员会/伦理委员会以外的实体机构。

AAHRPP 翻译为参与者。可根据这一细则撰写 CFDA 豁免的 SOP。

可根据这一细则撰写常规IRB会议审查SOP。

（32）Element Ⅱ.2.C. The IRB or EC has and follows written policies and procedures for conducting meetings by the convened IRB or EC.

细则Ⅱ.2.C. 机构审查委员会/伦理委员会制定并遵守书面的工作准则和规程，以组织召开会议。

AAHRPP的翻译为Initial Review(初步审查)，Continuing review(持续审查) Review of proposed modifications to previously approved research.(审查先前批准研究的建议修改)。

"初始审查""跟踪审查"可根据这一细则撰写初始审查、跟踪审查和修正案审查的SOP及相关表单。

初始审查：常规IRB会议、伦理审查申请表、伦理批件、IRB审查资料清单、IRB审查要点。

跟踪审查：持续审查SOP、研究进展报告、SAE或SUSAR总结表、IRB审查资料清单、IRB审查要点。

修正案审查：已批准项目方案修改审查SOP等。

（33）Element Ⅱ.2.D. The IRB or EC has and follows written policies and procedures to conduct reviews by the convened IRB or EC.

1. Element Ⅱ.2.D.1.-Initial review*

2. Element Ⅱ.2.D.2.-Continuing review*

3. Element Ⅱ.2.D.3.-Review of proposed modifications to previously approved research*.

细则Ⅱ.2.D. 机构审查委员会/伦理委员会制定并遵守书面的工作准则和规程，以组织进行审查。

1. 细则Ⅱ.2.D.1-初始审查*

2. 细则Ⅱ.2.D.2.-跟踪审查*

3. 细则Ⅱ.2.D.3.-修正案审查*

AAHRPP的翻译为Initial review(初步审查)，Expedited procedure(快速审查)，Continuing review(继续审查)，Review of proposed modifications to previously approved research(修正案审查)。

（34）Element Ⅱ.2.E. The IRB or EC has and follows written policies and procedures to conduct reviews by the expedited procedure, if such procedure is used.

1. Element Ⅱ.2.E.1.-Initial review

2. Element Ⅱ.2.E.2.-Continuing review

3. Element Ⅱ.2.E.3.-Review of proposed modifications to previously approved research.

细则Ⅱ.2.E. 机构审查委员会/伦理委员会制定并遵守书面的工作准则和规程，在具备(快速审查)快速程序的前提下，通过此程序进行审查。

1. 细则Ⅱ.2.E.1.-初始审查

2. 细则Ⅱ.2.E.2.-跟踪审查

3. 细则Ⅱ.2.E.3.-审查先前批准研究的建议修改

（35）Element Ⅱ.2.F. The IRB or EC has and follows written policies and procedures for addressing unanticipated problems involving risks to participants or others, and for reporting these actions as appropriate.

细则Ⅱ.2.F. 机构审查委员会/伦理委员会制定并遵守书面的工作准则和规程,旨在解决可能对(受试者)或其他人(购成)构成风险的意外问题,并适时报告相关情况。

在AAHRPP的基础上中增加受试者,"购成"改为构成。
可根据这一细则撰写涉及受试者风险的非预期问题的SOP。

(36)Element Ⅱ.2.G. The IRB or EC has and follows written policies and procedures for suspending or terminating IRB or EC approval of research, if warranted, and for reporting these actions as appropriate.

细则Ⅱ.2.G. 机构审查委员会/伦理委员会制定并遵守书面的工作准则和规程,在有正当理由时暂停或终止对研究的批准,并且适时报告相关情况*。

遵照FDA和CFDA的相关规定,制定研究项目暂停或终止SOP。

(37)Element Ⅱ.2.H. The IRB or EC has and follows written policies and procedures for managing multi-site research by defining the responsibilities of participating sites that are relevant to the protection of research participants, such as reporting of unanticipated problems or interim results.

细则Ⅱ.2.H. 机构审查委员会/伦理委员会制定并遵守书面的工作准则和规程管理多中心研究,明确各参与中心职责以保护受试者,例如报告非预期问题或研究中期结果。

研究参与者改为受试者,站点研究改为中心,意外问题改为非预期问题。

Standard Ⅱ-3: The IRB or EC approves each research protocol or plan according to criteria based on applicable laws, regulations, codes and guidance.

标准Ⅱ-3:基于适用的法律法规、条例和指南,机构审查委员会/伦理委员会对各项研究方案或计划的作出审批。

指导改为指南。

(38)Element Ⅱ.3.A. The IRB or EC has and follows written policies and procedures for identifying and analyzing potential sources of risk and measures to minimize risk. The analysis of risk includes a determination that the risks to participants are reasonable in relation to the potential benefits to participants and to society.

细则Ⅱ.3.A. 机构审查委员会/伦理委员会制定并遵守书面的工作准则和规程,以识别和分析风险,并制定将相关风险降至最低程度的措施。风险分析包括判断研究对受试者构成的风险是否与为受试者本人和社会带来的潜在益处成正比。

确定改为制定,参与者改为受试者,可根据这一细则撰写生物安全委员会和风险利益评估相关制度。

(39) Element Ⅱ.3.B. The IRB or EC has and follows written policies and procedures for reviewing the plan for data and safety monitoring, when applicable, and determines that the data and safety monitoring plan provides adequate protection for participants.

细则Element Ⅱ.3.B. 机构审查委员会/伦理委员会制定并遵守书面的工作准则和规程,在必要时审查数据和安全监控计划,并判断数据和安全监控计划能否为受试者提供充分保护。

(40) Element Ⅱ.3.C. The IRB or EC has and follows written policies and procedures to evaluate the equitable selection of participants.

Element Ⅱ.3.C.1. The IRB or EC has and follows written policies and procedures to review proposed participant recruitment methods, advertising materials, and participation payment arrangements and determines whether such arrangements are fair, accurate, and appropriate.

细则Ⅱ.3.C. 机构审查委员会/伦理委员会制定并遵守书面的工作准则和规程,以评估潜在(受试者)参与者*的方式是否公平。

细则Ⅱ.3.C.1. 机构审查委员会/伦理委员会制定并遵守书面的工作准则和规程,以审查潜在受试者的招募方法、广告材料和付款(安排)计划*的(方案)提案,并判断相关安排是否公正、准确和适当。

拟用参与者改为潜在受试者,付款计划的提案改为付款安排的方案。可根据这一细则提供(受试者筛选的合理性、招募广告、受试者的补偿、招募激励)。

（41）Element Ⅱ.3.D. The IRB or EC has and follows written policies and procedures to evaluate the proposed arrangements for protecting the privacy interests of research participants during their involvement in the research.

细则Ⅱ.3.D. 机构审查委员会/伦理委员会制定并遵守书面的工作准则和规程,适时评估有关研究期间受试者隐私保护的方案。

对比：参与者改为受试者,提案改为方案。可根据这一细则提供（知情同意、弱势群体、知情同意监查计划、知情同意模板、研究者保密申明、IRB委员保密声明）。

（42）Element Ⅱ.3.E. The IRB or EC has and follows written policies and procedures to evaluate proposed arrangements for maintaining the confidentiality of identifiable data, when appropriate, preliminary to the research, during the research, and after the conclusion of the research.

细则Ⅱ.3.E. 机构审查委员会/伦理委员会制定并遵守书面的工作准则和规程,以适时评估（研究开始前、研究期间和得出研究结论后）保护可识别数据机密性的方案。

删除了研究开始前的"关于",可根据这一细则提供数据安全监查计划,提案改为方案。

（43）Element Ⅱ.3.F. The IRB or EC has and follows written policies and procedures to evaluate the consent process and the consent document and to require that the Researcher appropriately document the consent process.

细则Ⅱ.3.F. 机构审查委员会/伦理委员会制定并遵守书面的工作准则和规程,以评估知情同意过程和知情同意文件,并要求相关研究者*适当作出记录。

同意过程改为知情同意过程和知情同意文件,研究员改为研究者,可根据这一细则制定知情同意过程监查计划。

（44）Element Ⅱ.3.G. The IRB or EC has and follows written policies and procedures for approving waivers or alterations of the consent process and waivers of consent documentation.

细则Ⅱ.3.G. 机构审查委员会/伦理委员会制定并遵守书面的工作准则和规程,以批准知情同意*过

同意改为知情同意,同意文件改为知情同意文件。可根据这一细则制定知情同意豁免、知情同意书豁免、计划紧急研究中知情同意的豁免的SOP。

程的豁免或修改,以及知情同意文件的豁免。

Standard Ⅱ-4: The IRB or EC provides additional protections for individuals who are vulnerable to coercion or undue influence and participate in research.

标准 Ⅱ-4: 机构审查委员会/伦理委员会为容易受*到胁迫或不当影响的受试者提供额外保护,以便于他们参与研究。

删除受不正当影响的"受",在不当影响后增加的"受试者"。

(45) Element Ⅱ.4.A. The IRB or EC has and follows written policies and procedures for determining the risks to prospective participants who are vulnerable to coercion or undue influence and ensuring that additional protections are provided as required by applicable laws, regulations, codes, and guidance.

细则 Ⅱ.4.A. 机构审查委员会/伦理委员会制定并遵守书面的工作准则和规程,以判断容易受*到胁迫或不当影响的潜在受试者的风险,并确保对他们提供适用的法律法规、条例和指南*要求的额外保护。

删除受不当影响的"受",准参与者改为潜在受试者,指导改为指南。

(46) Element Ⅱ.4.B. The IRB or EC has and follows written policies and procedures requiring appropriate protections for prospective participants who cannot give consent or whose decision-making capacity is in question.

细则 Ⅱ.4.B. 机构审查委员会/伦理委员会制定并遵守书面的工作准则和规程,为不具备同意能力或自主决定能力不明确*的潜在受试者提供适当保护。

决定能力不足改为自主决定能力不明确,准参与者改为潜在受试者。(弱势群体受试者的保护)

(47) Element Ⅱ.4.C. The IRB or EC has and follows written policies and procedures for making exceptions to consent requirements in protocols for planned emergency research and reviews such protocols according to applicable laws, regulations, codes, and guidance.

细则Ⅱ.4.C. 机构审查委员会/伦理委员会制定并遵守书面的工作准则和规程,就计划的紧急研究对同意要求作出例外安排,并按适用的法律法规、条例和指南,审核此例外安排。

指导改为指南。中国临床研究方面的法规很少有关于紧急研究的指南和规定,各机构可在法律法规允许的范围内定义此类情况。

Standard Ⅱ-5: The IRB or EC maintains documentation of its activities.

标准Ⅱ-5: 机构审查委员会/伦理委员会对(研究活动的文件)活动进行存档。

活动改为研究活动的文件。

(48) Element Ⅱ.5.A. The IRB or EC maintains a complete set of materials relevant to review of the research for a period of time sufficient to comply with legal and regulatory requirements, Sponsor requirements, and organizational policies and procedures.

细则Ⅱ.5.A. 机构审查委员会/伦理委员会对审核的研究方案或计划相关材料进行完整的存档,存档时限足以符合相关法律法规、申办者和机构政策与程序的要求。

时长改为时限,可根据这一细则撰写IRB文件记录、IRB研究文件夹。

(49) Element Ⅱ.5.B. The IRB or EC documents discussions and decisions on research studies and activities in accordance with legal and regulatory requirements, Sponsor requirements (if any), and organizational policies and procedures.

细则Ⅱ.5.B. 机构审查委员会/伦理委员会依照相关法律法规、申办者和机构政策和程序的要求,对调查研究和相关活动作出讨论和决议后进行记录。

对比:对调查研究和相关活动作出讨论和决议增加"后进行记录",可根据这一细则撰写IRB会议纪要。

第三章

Domain Ⅲ: Researchers and Research Staff
领域3：研究者和研究团队

以上翻译的更为准确和精练。AAHRPP翻译原文：除了遵循以下适用的法律法规，研究员和研究工作人员谨遵对他们的原则所言属恰当的道德准则及伦理标准。在设计和进行调查研究时，研究员和研究工作人员把保障研究参与者的权益和福利作为首要关切事项。

研究员和研究工作人员改为研究者及其团队，根据这一细则撰写（研究者的职责、研究者和研究团队的教育和培训、GCP培训）的内容。

研究员和研究工作人员改为研究者及其团队，可根据这一细则撰写（研究者的利益冲突、利益冲突的评估和管理、研究者利益冲突声明）。

Standard Ⅲ-1 : In addition to following applicable laws and regulations, Researchers adhere to ethical principles and standards appropriate for their discipline. In designing and conducting research studies, Researchers have the protection of the rights and welfare of research participants as a primary concern.

标准Ⅲ-1：除了遵守适用的法律法规，研究者还应依从伦理原则和可能的标准。在设计和执行研究时，研究者应将保护受试者的权益作为首选考虑。

（50）Element Ⅲ. 1. A. Researchers and Research Staff know which of the activities they conduct are overseen by the Human Research Protection Program, and they seek guidance when appropriate.

细则Ⅲ. 1. A. 研究者及其团队哪些活动受到人类研究保护体系的监督，并适时寻求指导。

（51）Element Ⅲ. 1. B. Researchers and Research Staff identify and disclose financial interests according to organizational policies and regulatory requirements and, with the Organization, manage, minimize, or eliminate such interests.

细则Ⅲ. 1. B. 研究者及其团队按照机构政策和监管要求识别并披露经济利益，并与机构一起控制、最小化或完全消除经济利益冲突。

（52）Element Ⅲ. 1. C. Researchers employ sound study design in accordance with the standards of the discipline. Researchers design studies in a manner that minimizes risks to participants.

要素Ⅲ. 1. C. 研究者依据规范和标准设计研究项目计划，并使受试者的风险最小化。

AAHRPP原文：研究员们按照他们的原则标准来设计合理的研究方法。研究员们以最大程度降低参与者风险的方式来设计研究。可根据这一细则撰写研究者的职责、研究者和研究团队的教育和培训、研究者的注意事项、GCP培训等内容。

（53）Element Ⅲ. 1. D. Researchers determine that the resources necessary to protect participants are present before conducting each research study.

Element Ⅲ. 1. D. 在每项研究实施之前，研究者应确保具有充足的资源保护受试者的权益。

AAHRPP原文：在进行每项调查研究前，研究员们应确定保护参与者的所需资源是否到位。可根据这一细则撰写研究者的职责、研究者和研究团队的教育和培训、研究者的注意事项、GCP培训等内容。

（54）Element Ⅲ. 1. E. Researchers and Research Staff recruit participants in a fair and equitable manner.

细则Ⅲ. 1. E. 研究者和研究团队应以公平合理的方式招募受试者。

AAHRPP原文：研究员和研究工作人员以公平合理的方式招收参与者。可根据这一细则撰写受试者的招募的内容。

（55）Element Ⅲ. 1. F. Researchers employ consent processes and methods of documentation appropriate to the type of research and the study population, emphasizing the importance of participant comprehension and voluntary participation to foster informed decision-making by participants.

细则Ⅲ. 1. F. 研究者以与研究类型和研究人群相符合的方式采用同意过程和存档方式，并强调受试者 * 理解和自愿参与对受试者作出知情决策的重要性。

研究员改为研究者，参与者改为受试者。可根据这一细则撰写知情同意的基本要素、知情同意文件、知情同意书模板。

（56）Element Ⅲ. 1. G. Researchers and Research Staff have a process to address participants' concerns, complaints, or requests for information.

细则Ⅲ. 1. G. 研究者及其团队制定相关程序，处理受试者 *的顾虑、投诉或信息要求。

研究员和研究工作人员改为研究者及其团队，具有相关程序改为制定相关程序，参与者改为受试者。可根据这一细则撰写研究者的职责、研究者考虑的事项等内容。

Standard Ⅲ -2：Researchers meet requirements

23

for conducting research with participants and comply with all applicable laws, regulations, codes, and guidance; the Organization's policies and procedures for protecting research participants; and the IRB's or EC's determinations.

研究员和研究工作人员改为研究者及其团队,参与者改为受试者,指导改为指南,这一细则主要包括三个层面的遵循,即法律法规、条例和指南;医院的政策和程序;伦理委员会的决定。

标准Ⅲ-2:研究者及其团队需与受试者*一同开展相关研究,且遵守所有适用的法律法规、条例和指南,以及该机构关于保护参与者的政策和程序和机构审查委员会/伦理委员会的决定。

(57)ElementⅢ.2.A. Researchers and Research Staff are qualified by training and experience for their research roles, including knowledge of applicable laws, regulations, codes, and guidance; relevant professional standards; and the Organization's policies and procedures regarding the protection of research participants.

研究员和研究工作人员改为研究者及其团队,取得研究角色的资格改为取得研究资格,指导改为指南,研究参与者改为受试者。可根据这一细则撰写研究者和研究团队的教育和培训,教育和培训SOP、GCP培训的内容。

细则Ⅲ.2.A. 研究者及其团队已通过培训和工作经验取得研究资格*,包括了解适用的法律法规、条例和指南;相关职业标准;和机构关于保护研究受试者*的政策和程序。

(58)ElementⅢ.2.B. Researchers maintain appropriate oversight of each research study, as well as Research Staff and trainees, and appropriately delegate research responsibilities and functions.

研究员改为研究者,研究员对每一项调查研究以及参与研究的工作人员和培训生予以适当监督改为研究者(研究者的政策、研究者的职责)。

细则Ⅲ.2.B. 研究者对每一项调查研究以及参与研究的工作人员和(学员)培训生予以适当监督*,并适当下放研究责任和职能。

(59)ElementⅢ.2.C. Researchers and Research Staff follow the requirements of the research plan or protocol and adhere to the policies and procedures of the Organization and to the determinations of the IRB or EC.

24

细则Ⅲ.2.C.研究者及其团队的研究需要按照研究方案或计划要求,并遵守机构相关政策和程序,以及机构审查委员会/伦理委员会的决定。

（60）Element Ⅲ.2.D. Researchers and Research Staff follow reporting requirements during a research study in accordance with applicable laws, regulations, codes and guidance; the Organization's policies and procedures; and the IRB's or EC's requirements.

细则Ⅲ.2.D.在研究过程中,研究者和研究人员遵从相关报告要求,并与适用的法律法规、条例和指南、医院的政策和程序、IRB的要求保持一致。

研究员和研究工作人员改为研究者及其团队,以及机构审查委员会/伦理委员会的要求或决定的要求执行研究改为以及机构审查委员会/伦理委员会的决定。可根据这一细则撰写研究者的职责、一致性监管委员会、会议审查委员的审查清单、方案违背的报告、方案违背/严重方案违背的批准等内容。

AAHRPP原文:研究员和研究工作人员按适用的法律法规、规范和指导,以及机构的政策和程序和机构审查委员会/伦理委员会的规定执行汇报要求。

可根据这一细则撰写研究者的注意事项、涉及受试者风险的非预期问题、方案偏离或违背、SAE和SUSAR总结表、SAE报告表、方案违背/偏离表等内容。

第二篇　人类研究保护体系建设

　　人类研究保护体系（Human Research Protection Program，HRPP）是根据AAHRPP的领域、细则所建立的由多个部门和相关负责人协同合作的体系，各研究机构可以利用AAHRPP的自我评估工具，结合AAHRPP的标准和本机构临床研究的实际情况设立，主要目的在于全面地保障受试者的权益。英文HRPP在有些地方被翻译为人类研究保护计划，但是我们认为翻译为人类研究保护体系更能体现其长期发展，既独立又相互协作的特点。本篇内容主要根据第一篇的内容，将AAHRPP的标准精练为适合我国机构的管理制度和标准操作规程，本篇较为系统地解读了HRPP的组织架构、伦理委员会的建设和审查、研究者及研究工作人员以及其他特殊问题的内容。因此，本书所撰写的管理制度和标准操作规程主要阐明HRPP中各部门的基本职责和运行程序，以提高伦理委员会对临床研究项目伦理审查的质量，并与国际伦理审查的规范与标准保持一致，供各研究机构参考，具体的操作细节需在今后实际工作中不断完善、修订。

第一章

人类研究保护体系的基本组成及运行

人类研究保护体系经过研究机构的管理部门批准建立。HRPP是由相互协作的多个个体和部门组成的，人类研究保护体系所执行的一切审查、操作和监督活动都必须在研究机构的管辖范围内进行。人类研究保护体系的相关政策法规和操作规程应同等适用于研究机构所有研究者及研究工作人员，研究者可以通过医院的网站获得HRPP的制度、标准操作规程和研究者须知等相关文件，也可以通过一些新媒体获得相关信息。本篇系统地对HRPP的部门组成、协作关系以及需要研究机构重点管理的三方协议、利益冲突等方面进行了介绍。

第一节　人类研究保护体系

一、人类研究保护体系概述

各研究机构通过建立一个有效的人类研究保护体系保护人体研究受试者，促进科学研究健康有序发展。在审查和执行研究过程中，该研究机构遵循国际上的人体研究保护的伦理原则与规范，如《贝尔蒙报告》《赫尔辛基宣言》以及ICH-GCP，同时，遵循中国的《药物临床试验质量管理规范》《药物临床试验伦理审查工作指导原则》，以及省市级的相关法律法规和政策，以充分实现对受试者的保护。HRPP运行在Federal wide Assurance（FWA）的规定范围内，如果中国相关法律和指导原则与其他法律和指导原则之间存在冲突，应首先遵循中国法律和《药物临床试验质量管理规范》。如存在类似的法律法规的冲突问题，该研究机构应聘请律师作为顾问，协助HRPP负责人决定优先适用的法律法规。

人类研究保护体系一般会有一位负责人，负责人对人类研究保护体系的总体运行承担职责，确保人体研究保护活动依从于相关法律、法规和指南、医院的政策，对人类研究保护体系的所有事项具有合法的签署授权权利，并对整个人类研究保护体系的质量提供保障,是人类研究保护体系与国家食品药品监督管理总局(China Food and Drug Administration, CFDA)、中华人民共和国国家卫生和计划生育委员会(National Health and Family Planning Commission of the People's Republic of China)、省市级监督管理机构的关键联系人。

人类研究保护体系具有达到科学和伦理的最高标准,对受试者的尊重、权利、安全和福利提供保证的使命,一般需要履行以下职责:

（1）建立一种常规工作程序以对人类研究受试者的保护进行监督、评估和质量的持续改进。

（2）提供完备的综合性资源来支持保护研究受试者的基本权益。

（3）对研究者及其团队提供人类研究受试者保护伦理知识的培训。

（4）必要时,对研究进行协调并直接对受试者关注的问题作出回应。

二、HRPP组成部分的职责及相互合作关系

人类研究保护体系是一项完备的、系统性的针对临床研究项目受试者保护的计划,所有成员应当遵照人类研究受试者保护体系的规定。人类研究保护体系负责人、伦理委员会和HRPP其他组成部门相互协助共同承担职能。

人类研究保护体系是由多个个体和部门组成的,各机构可利用AAHRPP自我评估工具,结合AAHRPP标准和机构运行情况建立。人类研究保护体系一般包括人类研究保护体系负责人(Organizational Official)、伦理委员会(Institutional Review Board, IRB)、科学审查委员会(Scientific Review Committee, SGR)、临床试验和研究办公室(Clinical Trial Research Office, CTRO)、国家药物临床试验机构(National Drug Clinical Trial, NDCT)、利益冲突委员会(Conflict Interest Office, CIO)、依从性监管委员会(Research Compliance Committee, RCC)、质量改进委员会(Quality Improvement Committee, QIC)、生物安全委员会(Biosafety Committee, BC)、教育培训部门、药品管理部门、数据监管部门、合同和项目管理部门、研究者及研究工作人员等。HRPP的主要职责是协助本机构在执行涉及人类临床研究过程中对受试者提供保护,并使对受试者的保护符合伦理原则和相关法律法规。

1. 人类研究保护体系负责人(Oraganizational Official)　负责人是对人类研究保护的有关法规比较熟悉的机构高级管理人员,一般由主管科研的副院长、教务长、学院院长或主任担任。具有以下职责:

（1）总体负责HRPP的管理、运行、评估和改进,保证各部门之间的独立运行以及协作关系。

（2）提供完备的综合性资源支持并保护研究受试者的基本权益。

（3）根据HRPP的实施情况,提出进一步的改进和发展规划。

2.伦理委员会(Institutional Review Board, IRB)　IRB伦理审查独立进行,对临床研究中的受试者的基本权益提供保护。伦理委员会在审查过程中保证依从我国GCP、ICH-GCP以及其他相关法律和伦理规定。

主要职责:

(1)审查研究项目的科学性和伦理性。

(2)向研究者及其团队和其他行政人员提供相关法律法规和政策的解释说明的指南。

(3)确保与研究机构政策法规和程序、规章制度、与人类研究审查有关的国家及地区法律的一致性。

(4)参与研究机构人类研究保护政策和程序的发展和持续实施。

(5)审查研究过程中的不依从问题,采取改进措施,确保与国家法律法规、政策、研究机构政策以及IRB政策和标准操作规程的一致性。

(6)向研究者及研究工作人员、IRB成员和IRB工作人员、社会公众等提供人类研究保护的培训。

3.临床试验和研究办公室(Clinical Trial Research Office, CTRO)　规范化管理临床试验协议的签署和HRPP的持续教育培训,主要承担临床试验协议的签署和HRPP体系的教育和培训两方面职责。

(1)临床试验协议的签署和审计主要包括以下几点:①建立临床试验协议、基金来源、合同草案规范和模板的管理制度和标准操作规程;②与申办者/CRO协商临床试验的合同,审查协议的内容并确保协议内容完整;③与研究机构财政部门和临床试验和研究办公室合作处理资金及其分配、补偿、结算事宜;④向研究者提供有关协议和基金方面的技术和专业建议;⑤如果临床试验涉及补偿要求,应与申办者和CRO一起协作处理补偿和法律纠纷。

(2)教育和培训的职责

培训的对象主要包括IRB成员、研究者及研究工作人员、各独立委员会、受试者及潜在的受试者。

所有的IRB成员、研究者及其团队、各独立委员会的成员在初次任职及任职后都需接受HRPP的持续性培训,并可针对需求对受试者、社区等开展培训。教育和培训由研究机构的临床试验和研究办公室进行监督,并直接向人类研究保护体系负责人报告,制订教育和培训计划。

研究者及其团队、IRB工作人员、IRB主任委员和委员,和其他相关研究部门人员必须获得CDFA-GCP培训证书或研究机构认可的GCP培训证书,才可以实施研究。

所有研究者和研究人员、IRB工作人员、IRB主任委员和委员需要继续教育。临床试验和研究办公室每年对研究者和研究人员的表现进行评估。IRB

主任委员将对委员进行评估和自我评估,并对IRB的整体运行进行评估。所有的评估报告将会被提交给IO,然后IO将基于他们的表现制订下一年的继续教育计划。

研究机构为推广人类研究保护知识,可通过网站、QQ群、传单、邮件和电话等形式向受试者或公众进行临床试验伦理知识的培训。培训内容主要包括:什么是临床试验?临床试验中受试者的权利,如何获得医院进行的有关临床试验信息?如果他们对现在的或潜在的临床试验有任何疑问时需要联系谁?等。在临床试验中,如果更新了研究方案或知情同意书中的信息,研究者应及时告知受试者。当受试者完成研究,医院将会对受试者发一份调查问卷,针对他们对参与的临床试验的满意度进行评估,和他们有关临床试验改进的建议。

4. 科学审查委员会(Scientific Review Committee,SRC) 为规范研究设计的真实性和科学性,保护受试者的权益,科学审查委员会独立审查研究设计的科学性问题,对创新药物或高风险研究进行审查。

主要职责:

(1)调查和评议临床研究中的学术纠纷和学术失范行为,对涉及违纪、违法事件提出处理意见。

(2)受研究机构委托,对临床研究过程中涉及重要学术问题的相关事项进行论证和咨询。

(3)审查国内、国外首次进行人类试验的1类创新药物临床研究、第三类医疗器械临床研究等。

(4)科学审查委员会委员完成审查后,秘书完成会议纪要和结论报告,科学审查委员会的负责人在报告上签字后,报告将会在一定工作时限内递交给IRB、国家药物临床试验机构和研究者。

5. 国家药物临床试验机构(National Drug Clinical Trial,NDCT) 为规范药物临床试验工作中的行为,保护药物临床试验受试者的合法权益,加强对药物临床试验工作的指导和监督管理,保证药物临床试验符合科学和伦理道德要求,国家药物临床试验机构负责执行和协调临床研究并对临床研究进行质量控制。

主要职责:

(1)负责管理研究机构的临床研究,确保临床研究能遵从CFDA和国际的相关法律法规。

(2)撰写并执行国家药物临床试验机构中相关的政策和程序。对相关部门遵守国家药物临床试验机构相关政策和程序的依从性进行监控和评估。

(3)对国家药物临床试验机构举行的相关会议进行组织和记录。并对会议作出的决定或提到的问题的执行情况进行监控。

（4）负责启动项目、合同谈判和研究药物的管理。

（5）负责每个专业内部所进行的临床项目进展情况的管理和监控。协助所有不良事件的处理。

（6）负责研究的合理性统计分析。

（7）对研究中所有的阶段都应进行严格的监控，确保研究的质量。

6. 依从性监管委员会（Research Compliance Committee, RCC）　为保证人类研究对相关法律法规、伦理指南、医院政策、HRPP管理制度和研究方案的依从性，依从性监管委员会监督、监管人类研究中的不依从行为，并向质量持续改进委员会报告。

操作流程：

（1）依从性监管委员会的审查要点

1）审查各科室SOP的执行情况。

2）审查各科室研究者对方案的依从性。

3）审查发生方案违背后，研究者是否采取有效处理措施。

4）审查发生方案违背后，研究者采取的处理措施，是否达到制止同类方案违背发生的效果。

5）统计年度方案违背的种类，分析根源所在，提出有效预防措施。

6）比较同期方案违背发生的减少率。

（2）不依从指的是未能遵守法律、法规或人类研究的管理政策，主要包括以下几种情况：

1）不依从是指正在执行的研究无视或者违反适用于人类受试者的国家伦理法规、机构政策或程序。不遵守伦理委员会或法规要求可能会引起一系列的问题，从相对较小的错误或技术违背，如疏忽犯错、细节不注重、培训不充分和研究人员的监管问题，到更严重的违背，如对受试者造成风险或侵犯他们的权利和受益。

2）持续的不依从是指持续地未遵守人类研究相关的法律、法规或政策。

3）严重的不依从是指未遵守人类研究相关的法律、法规或政策，原因可能是：①对人类受试者、研究人员或其他人员的安全或权益造成实质性的伤害，或实质性伤害的风险；②对人类研究保护或人类研究监督程序的有效性造成持续性不依从。

（3）不依从的报告程序如下：

1）研究者及其团队在质量控制、监查、稽查等过程中，当发现不依从事件后，判断是否是持续不依从事件或严重不依从事件。

2）一般的方案违背可在1个月内递交，如是严重不依从事件或持续不依从事件时，应在7个工作日内报告给依从性监管委员会、伦理委员会、申办者、药物临床试验机构办公室。

3）研究者填写《不依从事件报告表》，报告的内容包括：不依从行为发生的时间、地点、受试者、不依从事件的描述、采取的措施和处理结果。

4）依从性监管委员会对报告进行审核，必要时负责人组织人员进行督查事实的真实性，并判断是否是持续不依从事件或严重不依从事件，如是，应在7个工作日内报告IRB。

5）IRB接收到不依从事件报告后，秘书对报告进行初步审核，对于严重不依从或持续不依从事件，秘书按照事件的专业类型分发给主审委员审查。

6）IRB在接收报告的30天内将处理意见报告给依从性监管委员会和其他相关部门，同时反馈给研究者。

7）研究者按照IRB对不依从事件的处理结果执行。

8）依从性监管委员会和IRB对严重或持续不依从事件进行跟踪审查，研究者在30天内需要提交最终报告。

9）对于既不是持续不依从事件，也不是严重不依从事件，应在30天内报告给依从性监管委员会和IRB备案。

10）对于投诉、稽查发现的不依从事件参照以上流程。

7.质量改进委员会（Quality Improvement Committee，QIC） 质量改进委员会完全独立于IRB，由HRPP负责人直接管理。主要评估和促进HRPP的效率，提高人类研究的质量、效率和有效性，以及对法规和相关政策的依从性。对研究机构人类研究保护体系各组成部分定期评估，主要包括伦理委员会、临床专业科室、相关职能管理部门。

（1）主要职责

1）按照GCP和ICH-GCP相关法律法规，通过自我评估的方式，评估研究者在临床试验过程中的科学性和规范性。

2）负责临床研究中数据安全的监管。

3）考察IRB对受试者权益保护是否最大化。

4）考察临床试验机构办公室是否按照其相应制度及SOP对全院的研究者进行监管及再教育。

5）为研究者提供一般性的指导或研究启动或在整个研究过程中特定的服务，包括常规抽查质控、研究咨询、研究者再教育、IRB效率评价。

6）为各科室提供研究者培训咨询，组织修订、审核各专业临床试验的SOP及制度。

7）根据质控结果，提供质量改进建议，制订HRPP整体的质量改进计划并定期评估。

（2）操作流程

1）质量改进委员会拟定年度评估计划,一般每年对HRPP体系定期评估1~2次,IRB、临床专业科室、相关职能部门按照计划递交自我评估质控表,HRPP负责人组织召开质量持续改进委员会会议。

2）评估HRPP的一致性。确保至少一个目标达到或保持一致性;确保至少有一个措施来满足一致性;采取措施评估一致性并作出改进。

3）评估HRPP的质量、效益和有效性。阐明质量改进计划的目标以达到HRPP的质量、效益和有效性的目标水平。确定至少一个质量、效益和有效性的目的;确定至少一个质量、效益和有效性的措施;描述评估质量、效益和有效性的方法并作出改进。

8. 生物安全委员会（Biosafety Committee, BC）　生物安全委员会独立于IRB运行,规范化管理放射性生物安全和基因等研究,充分保障受试者的权益。对在研究机构开展的涉及人类受试者的具有放射性的试验药物、器械、技术,以及基因治疗、细胞治疗试验用药等高风险试验进行审查。

（1）主要职责

1）评估具有放射性的试验药物、器械、技术的安全性和有效性。

2）评估基因治疗、细胞治疗试验用药等高风险试验的风险受益。

（2）操作流程

1）申请人发起研究申请,伦理委员会办公室受理。

2）伦理委员会将涉及放射性的试验药物、器械、技术和基因治疗、细胞治疗试验用药等高风险试验的研究在7个工作日转至生物安全委员会。

3）生物安全委员会在收到研究申请的1个月内召开生物安全委员会会议对项目进行审查,主要审查要点为:①辐射剂量采用是否恰当;②药物剂量是否恰当;③研究者是否具备资质;④生产厂家是否具备资质;⑤受试者的选择和知情同意恰当;⑥放射、基因制品是否具备质量管理体系;⑦研究方案设计是否合理。

4）生物安全委员会审查通过后,在7个工作日内将审查结果反馈给伦理委员会办公室,伦理委员会组织常规会议审查。

9. 利益冲突委员会（Conflict of Interest Committee, CIC）　为促进研究机构利益冲突的防范与管理,保证研究客观公正,保护受试者的安全与权益,利益冲突委员会管理研究机构利益冲突、伦理委员会利益冲突、研究者及研究工作人员利益冲突,以及其他HRPP相关职能部门的利益冲突。

（1）主要职责:正确识别任何与伦理审查和科学研究相关的利益冲突,确保临床研究的科学性和伦理审查的公正性;制定利益冲突管理的相关政策以及相应的管理措施,定期对可能存在利益冲突的相关职能部门和个人进行评估。

（2）操作流程

1）利益冲突委员会由研究机构的监查办公室人员组成,研究机构的利益冲突一般由利益冲突委员会直接管理,而伦理委员会成员、研究者及研究工作人员利益冲突由伦理委员会监督管理。

2）研究机构政策要求提前公布每个人的可能会影响研究的重大经济利益,并提供发生相关变化的最新经济信息。

3）包括研究机构领导、伦理委员会成员、研究者及研究工作人员等有利益冲突的相关人员应就利益冲突公布申明,研究机构领导层次的经济利益冲突应报告至研究机构的监察部门; 在每次召开伦理委员会之前,应公布研究者、伦理委员会成员和独立顾问之间的可影响研究项目的利益冲突。

4）监察部门和伦理委员会将审核相关人员递交的利益冲突声明和经济利益披露表。此外,他们也将审核研究中每一项重大经济利益的数据和性质,并给出结果和相关人员是否能参与该研究的建议。

5）根据审核结果,监察部门和伦理委员会将对利益冲突进行评估,准备利益冲突评估报告。

6）如果与研究项目存在利益冲突而不主动声明,伦理委员会将给予公开批评,委员将被取消资格,独立顾问将不再被邀请咨询项目,研究者将暂停开展新的研究项目,如产生不良后果研究者甚至会被取消研究者资格。伦理委员会致力于建设公正的伦理审查文化与客观的科学研究文化。因此,委员/独立顾问、研究人员应监察并报告任何可能导致利益冲突的情况,以便伦理委员会和医院相关职能管理部门采取恰当的措施进行处理。

7）所有研究者都不得为了申办者的经济报酬而接受可能会对其产生重要影响的申办者的咨询和委托。

8）每个方案的主要研究者负责通知其研究计划里的所有研究人员,除了主要研究者外,研究团队中的研究人员也应避免与申办者存在亲属或利益关系。

9）伦理委员会会议审查时,如果伦理委员会委员与所审查项目存在利益冲突,该委员可以出席并对研究进行解释说明,但应从会议的讨论和投票程序中退出。该利益冲突应在审查前向伦理委员会主任委员说明,并作记录。

10）一旦发现研究中存在利益冲突,则需更换研究者,并承担相应责任;如伦理委员会委员在伦理审查中存在利益冲突,并未向伦理委员会说明,则该项目的审查意见作废,伦理委员会主任委员视情况决定召开紧急会议或在下一次例行会议上重新讨论该项目,并启动调查程序。同时该委员的伦理审查权利将被暂停,直到获得明确的调查结论。利益冲突委员会对伦理委员会委员、研究人员与临床研究之间的利益冲突进行评估,并向伦理委员会递交利益冲突评估报告。

11）公开发布利益冲突委员会的利益冲突政策,并作为伦理委员会委员和研究人员必须培训的内容。

10. 药房 为规范临床研究用药在研究机构的管理,药房负责研究机构临床研究药物的转运、保管、分发、分析、咨询等;对临床研究的药物转运、保管、分发等进行监管;对临床研究中药物不良反应进行分析、咨询。

操作流程:

1）所有研究用药物在通过伦理委员会审查后均应由专业的药品管理员进行核对,然后才能发放到各专业的研究者手中,并按方案的要求进行使用。

2）临床试验启动前,主要研究者指定专人为药物管理员负责试验用药品的管理,并按照试验用药品的保管条件配备药柜或冰箱。

11. 研究者及研究工作人员,研究者有责任按照HRPP的要求提交伦理审查和实施临床试验,保证在研究中没有利益冲突和其他职责、经济方面的冲突;保证有足够的时间、能力和资格担任研究者。

12. 数据安全监察委员会 对所有在研究机构进行的临床研究,监察临床研究过程中的试验数据,避免以往未知的不良反应,保证数据的有效性,保护受试者的安全。

（1）主要职责:为审查申办者、研究者制订风险安全监察计划;数据安全监察计划合理;必要时申办者成立数据安全监察委员会。

（2）操作流程

1）申办者、研究者共同设计临床试验方案,写明在方案实施、数据管理、统计分析、结果报告、发表论文等方面职责及分工。签署双方同意的试验方案及合同,以保证受试者的安全。

2）如有需要,由申办者设立一个独立的数据监察委员会,定期对研究进展、安全性数据和有效性终点进行评估,向申办者建议是否继续、调整或停止试验。

3）发生严重不良事件(serious sdverse event, SAE)、不良事件(adverse event, AE)等安全性事件时,研究者及时向伦理委员会报告。

4）伦理委员会(数据安全监察委员会)行使数据安全监察的职能,当研究项目发生SAE、非预期问题比率过高时,伦理委员会要求研究者、申办者对数据进行分析,递交受试者风险获益报告,如受试者权益受到损害,伦理委员会可要求暂停或终止已批准的研究。

5）只有确保受试者的安全权益后,伦理委员会才可批准继续开展研究。

13. HRPP的综合性评价 HRPP中各部门独立运作,由IO直接授权质量改进委员会对管理制度和SOP实施系统性、整体性、阶段性评价,不断改进HRPP

的质量,提升HRPP保护受试者的能力。

质量改进委员会管理体系评估,管理制度和SOP的完整性和周期,HRPP质量持续改进,保护受试者的能力提高。研究机构通过以下途径推广人类研究受试者保护知识:将HRPP政策和SOP放在研究机构网站上,提供用户操作手册,提供定期的培训研讨班,通过电话或者QQ群发送HRPP相关信息,提供HRPP邮件清单的所有内容和联系电话;通过邮件、短信和QQ群来对HRPP政策和SOP的变化进行告知。

所有的临床试验申请都需要经过IRB的独立审查,HRPP各部门的相互协作主要围绕伦理委员会开展。

(1)IRB审查前,需先由研究者发起申请,经由利益冲突委员会、教育培训职能部门审查和培训后,才能递交IRB审查。如有涉及放射性药品或其他高风险药品的临床试验,IRB会将研究项目转至生物安全委员会,如需审查科学性的项目,IRB会将研究项目转至科学审查委员会,生物安全委员会或科学审查委员会审查完成后,在规定的时间段内将审查结论告知伦理委员会。

(2)临床试验项目通过IRB审查后,转至国家药物临床试验机构和临床试验和研究办公室审查合同,合同签署后启动临床试验。合同的实施、基金使用和研究的质量控制必须按照国家法律法规的要求执行。研究过程中由依从性监管委员会、药房、质量改进委员会等部门实施监管和评估。

第二节　三方协议

临床试验协议,即三方协议,是申办者和(或)CRO、主要研究者、临床试验研究机构针对一项临床研究,为保障各自的合法权益,履行临床研究职责,经三方或数方共同协商达成一致意见后签定的书面合同。

协议三方应在经过平等协商,在真实、自愿的基础上,应遵循《中华人民共和国合同法》《药物临床试验质量管理规范》及其他相关法律法规的规定签署临床协议。

三方协议由研究机构的国家药物临床试验机构审查无误后,由国家药物临床试验机构、临床试验和研究办公室和其他相关部门协同签署。三方协议的审核要点和签署程序一般如下:

一、审核要点

1. 申办者/CRO填写《临床试验申请表》,由国家药物临床试验机构部门协议审核负责人形式审核通过后,与主要研究者和药物临床试验机构负责人初步洽谈协议。

2. 在临床试验启动之前,申办者/CRO将协议初稿发给主要研究者进行一级审核,并形成一级审核修订稿。

3. 申办者/CRO将已完成的一级审核修订稿发给药物临床试验机构办公室,由药物临床试验机构秘书接收后进行二级审核。

4. 机构秘书在规定时间内完成二级审核,主要审核内容包括(但不限于以下内容):

(1)双方的职责和义务。

(2)入组例数及期限。

(3)经费及经费支付方式(需附言项目名称和主要研究者(Principle Investigator, PI)信息)。

(4)保险和赔偿。

(5)资料保存方式和年限。

(6)是否提供临床研究协调者(Clinical Research Coordinator, CRC)或CRC费用。

(7)知识产权、成果分享。

(8)保密协议。

(9)仲裁条款(地点、语言、使用范围)。

5. 药物临床试验机构秘书在完成二级审核后,将审核意见反馈给申办者/CRO或主要研究者。

6. 申办者/CRO对机构提出的意见进行修改或说明,在多次沟通后达成双方共识形成二级审核修订稿。

7. 药物临床试验机构秘书将二级审核的修订稿发给机构办公室主任和机构主任,由机构办公室主任和机构主任再次审核,形成审核意见反馈给机构秘书,机构秘书转发给申办者/CRO,三方沟通之后形成最终版。

8. 药物临床试验机构秘书将最终版的电子版和纸质版协议存档。

9. 对于在试验过程中发生协议内容变更,如增加试验例数,增加试验经费,延迟合同期限,申办者/CRO变更等情况,需再次签署协议或补充协议,流程同前。

二、签署程序

1. 临床试验协议在申办者/CRO、专业和机构三方确认后,并在伦理委员会批准后和试验启动前,可以正式签署。

2. 如不是使用研究机构※协议※模板,最终版协议需要附上研究机构※临床试验协议封面※,首先申办者/CRO完成签署和盖章,然后纸质版的协议转交给主要研究者签署。

3. 主要研究者签署完成后,转交给药物临床试验机构秘书,药物临床试验机构秘书在核对纸质版协议和最终电子版协议无误后,将协议按照协议签字栏顺序提交给机构主任、研究机构法人代表等签署。

4. 药物临床试验机构秘书根据协议内容在专用的合同登记本中登记以下信息: 签署日期、专业、申办者、CRO、入组例数、金额、存档人。

5. 登记完信息后,药物临床试验机构秘书将协议存在各专业独立的文件夹中,例如: I期临床试验合同文件夹、心血管专业临床试验合同文件夹,以此类推。各专业文件夹里存放的协议按照合同编号顺序存档。同时使用专用文件夹,按专业顺序用索引纸隔开存档。例如: 心血管(01)、呼吸科(02),以此类推。

6. 药物临床试验机构秘书将已存档的文件夹放入专柜中,上锁保存,并将剩余合同分别转交给专业和申办者/CRO。

第三节　研究中的利益冲突

利益冲突是指个人的利益与其职责之间的冲突,即存在可能过分影响个人履行其职责的经济或其他的利益。当该利益不一定影响个人的判断,但可能导致个人的客观性受到他人质疑时,就存在明显的利益冲突。当任何理智的人对该利益是否应该报告感到不确定,就存在潜在的利益冲突。为了保证研究的质量,以及公众的信任,在研究过程中,应尽可能地避免或最小化利益冲突。

一、利益冲突的分类

利益冲突可以划分为3种类型: 研究机构的利益冲突、研究人员的利益冲突、伦理委员会成员的利益冲突。研究机构的利益冲突一般由研究机构的利益冲突管理部门监督管理,而伦理委员会成员、独立顾问和研究人员的利益冲突则由伦理委员会监督管理。

1. 研究机构的利益冲突　以机构领导者(院长、副院长、相关职能部门和临床部门的负责人)或医院为代表的公众利益与他们个人利益之间的可能的冲突,也被称作机构的经济利益冲突。

领导者不得接受任何礼物或者饭局、旅行、健身、娱乐以及其他的活动安排,这些可能会影响他们公正的实施官方事务。领导者不得违反规定介入药品和医疗设备购买、投标活动。领导者不得违反规定介入各种健康管理许可和批准的事务,他们既不能利用他们的权力也不能利用权力影响并干预正常的临床研究活动。在领导者的权力管辖范围和商业范围内,其配偶、子女和子女的配偶不得参与临床研究用个人药品或医疗设备的买卖以及其他可制造利润的活动,子女和子女的配偶不应在临床研究的外企和中外合资企业掌管高级职位,这些企业对以上提到的人的权力管辖范围和商业圈开放。包括:

(1)执照、技术转让和专利。

(2)医院的投资。

(3)礼物,当赠送者在该研究中有利益。

(4)高层管理者的财政利益。

(5)其他的财政利益。

2. 研究人员的利益冲突 涉及研究者与研究者个人之间的经济利益冲突和职责利益冲突,包括:

(1)存在于研究人员和申办者之间购买、出售/出租、租借任何财产或不动产的关系。

(2)存在于研究人员和申办者之间的雇佣与服务关系,或赞助关系,如受聘公司的顾问或专家。

(3)存在于研究人员和申办者之间授予任何许可、合同与转包合同的关系,如执照、技术转让、专利许可、科研成果转让等。

(4)存在于研究人员和申办者之间的投资关系,如购买申办者公司的股票。

(5)研究人员的配偶、子女、父母、合伙人与研究项目申办者存在经济利益,例如担任职务或在职为委员/申办者的独立顾问,或研究人员与研究项目申办者之间有直接的家庭成员关系。

(6)研究人员承担超过他/她能力范围的多种工作职责,没有足够的时间和精力参加临床研究,影响其履行关心受试者的义务。

(7)研究者及研究工作人员不可有任何与研究相关的经济利益。研究者及研究工作人员在临床研究前和临床研究过程进行中有义务向伦理委员会报告他们的经济利益冲突。伦理委员会有决定该利益和其处理是否能使研究继续的决定权最终权力。

3. 伦理委员会成员的利益冲突

(1)存在于伦理委员会成员和申办者之间购买、出售/出租、租借任何财产或不动产的关系。

(2)存在于伦理委员会成员和申办者之间的雇佣与服务关系,或赞助关系,如受聘公司的顾问或专家。

(3)存在于伦理委员会成员和申办者之间授予任何许可、合同与转包合同的关系,如执照、技术转让、专利许可、科研成果转让等。

(4)存在于伦理委员会成员和申办者之间的投资关系,如购买申办者公司的股票。

（5）伦理委员会成员的配偶、子女、父母、合伙人与研究项目申办者存在经济利益，例如担任职务或在职为委员/申办者的独立顾问，或伦理委员会成员与研究项目申办者之间有直接的家庭成员关系。

二、利益冲突的报告和处理程序

研究机构要求披露的研究者及研究工作人员之间的经济利益，包括研究机构政策要求提前公布每个人的可能会影响研究的重大经济利益，并提供发生相关变化的最新经济信息。包括研究机构领导、伦理委员会成员、研究者和研究人员等有利益冲突的相关人员应就利益冲突公布声明，研究机构领导层次的经济利益冲突应报告至利益冲突委员会；在每次召开伦理委员会之前，应公布研究者、伦理委员会成员和独立顾问之间的可影响研究项目的利益冲突。利益冲突委员会和伦理委员会将审核相关人员递交的利益冲突声明和经济利益披露表。此外，他们也将审核研究中每一项重大经济利益的数据和性质，并给出结果和相关人员是否能参与该研究中的建议。

根据审核结果，利益冲突委员会和伦理委员会将对利益冲突进行评估，准备利益冲突评估报告。如果与研究项目存在利益冲突而不主动声明，伦理委员会将给予公开批评，委员将被取消资格，独立顾问将不再被邀请咨询项目，限制研究人员承担新的研究项目，产生不良后果将被取消研究者资格。伦理委员会致力于建设公正的伦理审查文化与客观的科学研究文化。因此，委员/独立顾问、研究人员应监查并报告任何可能导致利益冲突的情况，以便伦理委员会和研究机构相关职能管理部门采取恰当的措施进行处理。

三、利益冲突的管理和培训

1. 相关利益冲突的政策将被放至研究机构和伦理委员会的网站上以供下载和学习。

2. 至少每4年一次，由临床试验和研究办公室负责教育、培训医院的领导、相关职能部门工作人员、伦理委员会成员、研究者及研究工作人员利益冲突政策，并保持记录在案。

3. 对于不遵守伦理委员会章程和研究程序的新人员，或者伦理委员会成员，研究者及研究工作人员要立即执行利益冲突培训。定期评估相关人员的利益冲突知识，尤其是违反过利益冲突政策的人，同时，将对没有通过评估的人采取限制性措施和针对性训练。

4. 对于研究机构要求披露的研究者及研究工作人员之间的经济利益包括：①研究者及研究工作人员之间的经济利益；②直接的家庭成员之间的经

济利益;③最低程度上直接的家庭成员,包括配偶和独立子女。

"研究相关经济利益"指的是在申办者研究药物和服务中的经济利益。

5.涉及设计、实施或研究报告的披露表格披露了规章中要求披露的经济利益。教育研究者及研究工作人员披露经济利益冲突的程序。要求最初至少每4年一次对个人进行教育。

在以下情况需要立即教育:

(1)以改变研究者要求的方式修订了经济利益冲突政策。

(2)研究者首次加入医院。

(3)研究者不服从经济利益冲突政策和程序。

(4)要求研究者及研究工作人员主动披露经济方面的程序。

(5)年度披露的最小值。

(6)更新30天内所收获和发现的最新重大经济利益。

伦理委员会

为确保临床试验中受试者的权益并为之提供公众保证,伦理委员会严格遵循CFDA的伦理法规和指南,独立有效地审查人类研究项目。

临床试验开始前,研究者需要将试验方案、知情同意书等材料递交伦理委员会审批,只有经伦理委员会审议同意并签署批准意见后方可实施。在试验进行期间,试验方案和其他研究文件的任何修改均应经伦理委员会批准;试验中发生严重不良事件,应及时向伦理委员会报告。本章就伦理委员会的运行和管理、伦理委员会审查流程、记录与存档、获得知情同意、弱势群体、伦理审查的特殊问题六个方面阐释伦理审查的整体过程。

第一节　运行和管理

伦理委员会(Institutional Review Board, IRB)是由医学专业人员、法律专家及非医务人员组成的独立组织,其职责为核查临床试验方案及附件是否合乎道德,并为之提供公众保证,确保受试者的安全、健康和权益受到保护。该委员会的组成和一切活动不应受临床试验组织和实施者的干扰或影响。

各研究机构的伦理委员会遵从国际指南、基本的道德原则(common rule),以及《涉及人的生物医学研究的国际伦理准则》、ICH-GCP、《赫尔辛基宣言》和《贝尔蒙报告》。同时也遵从我国的《药物临床试验质量管理规范》(2003年)、《药物临床试验伦理审查工作指导原则》等伦理法规和指南。

1. 伦理委员会依据伦理学原则,对涉及人类试验的项目进行伦理审查,提供伦理审查意见。伦理委员会的职责范围包括:

(1)审查所有涉及人的研究项目是否符合伦理要求。

(2)有权要求研究人员提供或修订研究方案和知情同意文件。

(3)终止或暂停已批准的试验。

(4)审查执行中的研究项目方案及知情同意书的修订。

(5)监督或跟踪审查已审批项目的实施。

（6）审查已上报的已审批项目实施过程中发生的SAE。

（7）负责业务发展的个人禁止成为伦理委员会的成员委员或当然委员，禁止执行日常的审查过程。

（8）如果合适，禁止伦理委员会成员拥有医院股权。

伦理委员会对临床试验方案的审查意见经伦理委员会召开伦理审查会议，由伦理委员会委员充分讨论后，以投票方式作出决定，委员中存在利益冲突者不能投票，并回避投票程序。

2. 伦理委员会从保障受试者权益的角度严格按照下列要点审议试验方案：

（1）研究者的资格、经验，是否有充分的时间参加审议中的临床试验，人员配备及设备条件等是否符合试验要求。

（2）试验方案是否适当，包括研究目的、受试者及其他人员可能遭受的风险和受益及试验设计的科学性。

（3）受试者入选的方法，向受试者或其家属或监护人或法定代理人提供有关本试验的信息资料是否完整易懂，获取知情同意书的方法是否适当。

（4）受试者中途退出试验后，是否有不正当的歧视。

（5）因参加临床试验而受到损害甚至发生死亡时，给予治疗或保险措施。

（6）试验方案提出的修正意见是否可接受。

（7）定期审查临床试验进行中受试者的风险程度。

一、IRB的审查范围

伦理委员会的审查范围根据伦理审查的类型而定，一般为涉及人的临床研究，即任何符合"研究"定义并涉及"人类受试者"的相关活动。

研究：一项系统的调查，包括研究设计、测试和评估，被设计用来获得知识或有利于知识的获得。

一项"系统的调查"是指涉及一个前瞻性研究计划，将收集的数据与分析，不管是定性分析还是定量分析相结合，来回答一项研究问题。被设计用来发展或有利于知识的获得的研究即指的是这些被用来得出一般结论的研究，比如一项研究中获得的知识可能应用于特定研究之外的群体。

人类受试者：参加一个临床试验作为试验用药品的接受者或作为对照的个人。

涉及人类受试者的研究包括：

（1）在健康受试者或者患者中，不论是物理的、化学的或者生理的，生理学、生物化学或者病理学的研究过程，或者对特定介入物质的反应性研究。

（2）在较大的人群中进行的诊断、预防或者治疗措施的对照试验，设计对照试验的目的是为了在个体生物学差异的背景下，得到这些措施的明确的总体反应。

（3）用于判定在个体或者群体中，特定的预防药物或者治疗措施的影响。

（4）在各种各样情形和环境中，关于人类健康相关行为的研究。

一旦有以人为对象的研究报告给伦理委员会，伦理委员会将确定该研究是否符合人类受试者研究的定义，是否由伦理委员会监管，最终的决定可以通过电话或电子邮件通知研究者。

研究机构不能进行超出法规或法律允许范围外的任何研究。研究机构不管理、伦理委员会不审查以下几种类型的研究：课堂研究、质量改进、病例报告、项目评估或监测性研究。

二、IRB的组织和管理

伦理委员会设主任委员和副主任委员，委员具备多样性，包括考虑不同的文化背景、不同的职业、不同的性别。IRB的主任委员和副主任委员由前主任委员推荐，全体委员会议讨论通过后，由研究机构院长任命。伦理委员会委员，主要由伦理委员会主任委员提名，通过伦理委员会会议讨论后选出，由研究机构主管领导签署文件任命，至少5名委员与研究机构不具备隶属关系。每个伦理委员会至少有一位委员，既不隶属于研究机构，也不属于研究机构工作人员的直系亲属。每个伦理委员会至少有一位委员，能够代表研究受试者的观点，当研究在少数民族居住的地区进行时，应考虑选择少数民族人员作为IRB委员。当伦理委员会委员因故不能担任相应职责，可由主任委员选择候补委员担任该委员的工作，报研究机构批准，必要时也可邀请IRB以外的独立顾问提出意见，但不参与投票。伦理委员会委员任期一般为3~5年，设置伦理委员会的研究机构应根据伦理委员会委员开展的审查工作提供经费支持或一定的补偿。

1. IRB的人员组成　伦理委员会的成员主要包括主任委员、副主任委员、委员以及秘书。成员的选择是基于合理的多样性，包括考虑性别、文化背景、专业领域、知识和弱势群体的经验，还包括科学和非科学成员。伦理委员会的结构和组成必须适应需要审查的研究的数量和性质，伦理委员会应尽可能选择代表在研究机构执行的研究涉及的各个领域的成员。研究机构应根据所遵循的法律法规为伦理委员会委员购买责任保险，但目前中国相关法规没有为IRB委员购买责任保险此类要求。

（1）伦理委员会主任委员/副主任委员：伦理委员会选举产生1名主任委员，1~2名副主任委员。主任委员主持伦理委员会的伦理审查工作，副主任委员协助主任委员，当主任委员无法参加会议时，可由副主任委员代为主持。

IRB会议前，IRB秘书将与主任委员及副主任委员确定会议审查的时间和地点,并作相应的会议准备。负责IRB会议的主任委员在会议期间将组织投票过程,并于会后检查会议记录,当主任委员不能出席会议时,副主任委员负责主持伦理审查。

(2)委员:对提交审查的研究项目进行充分审查,参加伦理委员会会议并对研究项目进行讨论和投票。对伦理委员会审查的研究项目及相关伦理记录进行保密。主任委员将任命至少一位具有适当的专业背景和经验的委员担任主审,对项目资料预先审查。

(3)候补委员:当伦理委员会委员因故不能担任相应职责,致使伦理委员会无法达到法定投票人数,可由主任委员选择候补委员担任该委员的工作,并报伦理委员会批准。

(4)独立顾问:必要时,伦理委员会可以聘请独立顾问或委任常任顾问。独立顾问应伦理委员会的邀请,就试验方案中的一些问题向伦理委员会提供咨询意见,但独立顾问不具有伦理审查表决权。独立顾问可以是伦理或法律方面的、特定疾病或方法学的专家,或者是特殊疾病人群、特定地区人群/族群或其他特定利益团体的代表。独立顾问需事先声明与所审查的项目不存在利益冲突,保证将任何有关的利益冲突向伦理委员会报告,并且遵守伦理委员会的保密原则。

IRB主任委员授权IRB秘书来决定是否需要一个顾问。会议记录中将记录顾问提出的建议,顾问审查表和其他相关信息也将以文件形式保存在IRB。

2.IRB委员的利益冲突　IRB委员/独立顾问在审查研究时可能的利益冲突主要如下:

(1)委员/独立顾问的配偶、子女、父母、合伙人与研究项目申办者存在经济利益,或委员/独立顾问、人员与研究项目申办者之间有直接的家庭成员关系。

(2)委员/独立顾问同时承担其所审查/咨询项目的研究者职责。

在召开伦理委员会会议时,如果有委员存在利益冲突,该委员可以出席IRB会议对研究进行解释说明,但应从会议的讨论和投票程序中退出。该利益冲突应在审查前向伦理委员会主任委员说明,并作书面记录。一旦委员或独立顾问在以下几种类型的审查中,宣布某人有利益冲突,IRB将要求规避利益冲突程序。审查类型如下:

(1)会议审查。

(2)快速审查。

(3)审查涉及受试者或其他人风险的非预期问题。

(4)审查与法律、指南、制度或IRB的要求不依从的问题。

有利益冲突的IRB委员和独立顾问不被计入法定人数。

　　3.IRB培训和继续教育　IRB委员的表现将通过有因调查或者自我评估过程每年评估1次。经主任委员和副主任委员审查后,审查的意见将由IRB办公室以书面形式反馈给委员。未能遵守本院IRB制度、不能履行委员的审查义务以及不恰当地多次缺席的委员将被移除出委员会名单。

　　如果IRB主任委员、委员或员工认为IRB的运行受到了来自某些方面的不正当影响,他们可以向HRPP负责人提交一份内部报告。HRPP负责人在接到该报告之后,将启动一个彻底的调查和必要的措施以防止其他相关事件发生。

　　伦理委员会办公室每年制订伦理委员会委员和工作人员的长期和短期的人员培训计划,经伦理委员会主任委员批准后执行。主要采用伦理委员会内部培训和对外教育培训等方式对人员培训。

　　(1)内部培训主要是在召开伦理委员会会议时,定期对伦理委员会委员进行培训。培训内容主要包括:《中华人民共和国药品管理法实施条例》《药品注册管理办法》《药物临床试验质量管理规范》《涉及人的生物医学研究伦理审查办法(试行)》等;《赫尔辛基宣言》、ICH-GCP、国际医学科学组织理事会(CIOMS)的《涉及人的生物医学研究的国际伦理准则》;医院关于临床研究的政策、HRPP制度、伦理委员会的管理制度、标准操作规程等。

　　(2)外部培训主要以鼓励伦理委员会委员出席国际或国内的伦理会议,派伦理委员会委员出国进行教育和培训等形式。

第二节　审　查　流　程

　　研究机构进行的涉及人类受试者的研究项目,都必须在研究开始前递交给伦理委员会审查,以审查研究项目的科学性和伦理性。获得伦理委员会批准后才可实施。伦理委员会的审查形式主要包括会议审查和快速审查。

一、会议审查

　　伦理委员会制订年度常规会议审查时间表,会议召开频率一般为每月1次或2次,各研究机构可根据项目的数量和性质调整会议召开频率,并发布在伦理委员会网站上。

　　伦理委员会秘书形式审查项目后,对提交其审查的试验项目在召开伦理审查会议前做好各项准备工作,统计项目数量上报至主任委员,按照伦理委员会常规会议审查时间表定期召开伦理委员会会议。在进行常规会议审查之前,需要对安慰剂对照临床试验、国际多中心临床试验等安排主审。当其他临床试验不采用主审时,伦理委员会秘书将会在常规会议审查时分发研究方案、知情同意书等项目资料审查。

伦理委员会会议审查议程主要包括：①伦理委员会委员对项目材料的审查、讨论、表决；②伦理委员会秘书通报近期接收到的本院SAE，主要研究者对重点SAE进行汇报，委员讨论；③其他：汇报快速审查、年度跟踪审查等情况。

1. 常规会议审查所需提交的材料　申请人应按照统一格式向医学伦理委员会提交正式资料。

（1）药物临床试验项目提交材料清单

1）国家食品药品监督管理总局批件/组长单位伦理批件。

2）临床试验方案的摘要（尽量使用非专业、非技术性语言），可附在方案中。

3）临床试验方案及对临床试验方案的有关说明（可在试验方案中体现），如方案中是否有多个适应证，如有，应单独提交说明。各试验中心主要研究者同意遵循GCP原则和试验方案的声明及签字页，并注明版本、日期。

4）多中心开展的项目需提交研究者方案讨论会或培训会会议纪要、各中心签到名单；安慰剂项目需提供使用安慰剂为对照药的理论依据。

5）对试验中涉及的伦理问题的说明（如在临床试验方案中已作了充分说明则可免报）。

6）知情同意书（应注明日期，须使用受试者能懂的文字）、为受试者进行知情同意提供给受试者了解临床试验的书面和（或）影视资料（所用的语言、提供的其他形式的信息，必须是受试者能准确理解的语言和信息，必要时，可使用其他少数民族的语言文字）。

7）对如何获取受试者知情同意过程的说明（可在方案中体现）。

8）研究者手册；包括充分支持上会的临床试验的有关试验药物的非临床和临床的信息。

9）主要研究者及参加试验的研究者的简历（最新的，有签名并注明日期）。

10）为招募受试者所使用的各种文字、影视材料等。

11）原始病历、病例报告表、日记录卡及其他问卷。

12）对受试者参与临床试验是否提供、如何提供有关补偿的说明，包括但不限于医疗保健的费用及使用（可在方案中体现）。

13）如申请的试验项目已获其他伦理委员会的审查，应提供相应文件。

14）药物检验报告。

15）申办者的资质证明及GMP证书。

（2）医疗器械项目提交材料清单

1）中心伦理批件（如有组长单位，必须提供中心批件）。

2）临床试验方案的摘要（尽量使用非专业、非技术性语言），可附在方案中。

3）临床试验方案及对临床试验方案的有关说明（可在试验方案中体现）。各试验中心主要研究者同意遵循GCP原则和试验方案的声明及签字页，并注明版本日期。例如,如果在方案中有多种体现,如果可能,应该提供单独的说明。

4)对试验中涉及的伦理问题的说明(如在临床试验方案中已作了充分说明则可免报)。

5)知情同意书(应注明日期,须使用受试者能懂的文字)、为受试者进行知情同意提供给受试者了解临床试验的书面和(或)影视资料(所用的语言、提供的其他形式的信息,必须是受试者能准确理解的语言和信息,必要时,可使用其他少数民族的语言文字)。

6)对如何获取受试者知情同意过程的说明(可在方案中体现)。

7)研究者手册。

8)主要研究者及参加试验的研究者的简历(最新的,有签名并注明日期)。

9)为招募受试者所使用的各种文字、影视材料等。

10)原始病历、病例报告表、日记录卡及其他问卷。

11)对受试者参与临床试验是否提供、如何提供有关补偿的说明,包括但不限于医疗保健的费用及使用(可在方案中体现)。

12)如申请的试验项目已获其他伦理委员会的审查,应提供相应文件。

13)产品的安全风险分析及应对措施。

14)产品型式试验报告(CFDA会同国务院质量技术监督部门认可的医疗器械检测机构出具的合格检测报告)。

15)动物临床报告(适用于首次植入人体的医疗器械或其他需要由动物试验确认产品安全性)。

16)注册产品标准、自测报告、临床试验操作手册,或者临床试验须知或产品使用说明书。

17)医疗器械生产企业资质(如企业法人营业执照、医疗器械生产企业许可证和组织机构代码证等)。

(3)医疗技术项目提交材料清单

1)技术实施方案及有关说明。

2)知情同意书。

3)前期研究小结或综述。

4)科室主任及主要实施者的简历(签名,并注明日期)。

5)如新技术涉及新的医疗器械,则需提供医疗器械的许可证、检验报告、使用说明、既往临床应用资料。首次用于植入人类的医疗器械,应具有该产品的动物试验报告。其他需要由动物试验确认其产品对人类临床试验安全性的产品,也应当提供动物试验报告。

6)技术实施相关不良事件的急救预案及处理措施。

7）对试验中涉及的伦理问题的其他说明。

2. 会议之前文件的分发

（1）无论采用电子化审评还是纸质审评，所有研究项目的研究方案、知情同意书等资料均需在伦理委员会常规会议召开前7个工作日，由伦理委员会秘书分发给伦理委员会委员。

（2）1.1类新药、安慰剂对照项目需由伦理委员会主任委员指定1~2名专业背景适合的委员进行主审，伦理委员会秘书在伦理会议召开前将主审表、研究方案等资料分发给主审委员。

对于伦理委员会委员主审的项目，需要在会议审查时提供给所有的成员进行审查：①完整的研究方案、申请书或者包含相关信息的方案摘要，进而确定该研究是否满足批准标准；②知情同意文件；③招募材料；④至少一位委员审查研究者手册。

对于重审或修正方案重新上会的项目，当他们参加伦理委员会会议已经提上日程，需要提供所有的伦理委员会成员并且由其审查当前的知情同意文件、任何新提供的知情文件、研究进展状态报告。

3. 法定人数　法定人数包括了律师，代表专业领域的成员，至少一名主要关注点在科学领域的成员，至少一名主要关注点在非科学领域的成员。伦理委员不能都是男性或者女性。

如果伦理委员会审查涉及强迫或者迫于压力参加试验的受试者群体的试验，一个或多个知情的，或者与这样的受试者有接触的人需要在现场。

主任委员要根据CFDA-GCP确定法定人数，并且在伦理委员会文件中记录。如果会议审查时没有达到法定人数，直到达到法定人数，伦理委员会才能进行投票。如果个别委员离开会议室（如，非科学的），直到恢复法定人数才能够投票，即使一半的成员仍然在场。只有参与审查的伦理委员会委员才有投票权，IRB的决定必须由法定到会人数的超过半数同意方可通过。如果IRB没有一个合适的专业或学术专家，或其他专家，或有相关知识的人员对方案进行深入审查或提供咨询，IRB会议需推迟。

4. 审查程序　会议审查时，伦理委员会主任委员/副主任委员、委员、伦理委员会秘书，及汇报项目的研究者均须到场。

会议时伦理委员审查纸质版方案；会议时如需使用电脑和投影仪，讲义、审查要点和批准标准文件等需提前准备；有些研究机构的伦理委员会会议支持通过电话或者网络的方式开会。

伦理委员会成员经过投票作出决定后，伦理委员会重新审查研究方案的意见。与审查方案有利益冲突的委员需要回避投票过程。如果需要独立顾问，可以邀请其参加会议，但是不参与投票。

5. 会议记录 伦理委员会秘书应归纳会议讨论内容和审查决定,形成会议记录,并根据会议记录和审查结论形成书面的伦理审查意见/批件。所有的会议和决定有纸质记录,在临床试验结束后在伦理委员会存档。

(1)伦理委员会会议记录文件

1)每个行为的单独审议。

2)各方案投票同意人数、反对人数、弃权人数。

3)会议签到表。

4)要求方案修改的依据。

5)否定方案的依据。

6)存在争议问题的讨论和解决方案的书面总结。

7)初始审查、跟踪审查及审批阶段。

8)存在利益冲突且因利益冲突缺席会议的伦理委员名单。

(2)为重建关于IRB对方案审核及批准行为的完整过程,IRB记录应包括以下副本:

1)科学性评估,由非IRB的其他实体提供。

2)进度报告,由研究者提供。

3)受试者伤害报告。

4)数据和安全性监测报告(如有)。

5)已获批方案修改。

6)非预期问题,包括受试者或其他人承担的风险。

7)方案违背。

8)重大新发现。

9)IRB和研究者间所有通信记录。

6. 审查决定的传达

(1)伦理委员会秘书根据会议记录及表决票数起草伦理审查批件。秘书及工作人员核对提交文件基本信息的正确性,审查意见的规范性与完整性。基本信息应包括审查的临床试验的项目名称;审查的临床试验方案和知情同意书及相关文件的日期和版本号;申请人的姓名;实施临床试验的医疗机构的名称;伦理审查的日期和地点;审查结论意见的明确文字阐述;跟踪审查的频率和期限;伦理委员会的意见或要求等。主任委员审核伦理审查批件,签名并注明日期。

(2)确定传达的决定类别

1)肯定性意见(同意):告知批准的事项、对申请人实施研究的要求,以及跟踪审查的要求。

2)条件性意见(作必要修正后同意、作必要修正后重审):应具体说明伦理审查的修正意见,以及提交复审的程序。

3)否定性意见(不同意、暂停或终止临床研究):清楚地写明否定的理由和伦理审查的相关考虑,并告知申请人如果有不同意见,可就有关事项向伦理委员会提出申诉申请。

(3)传达时限:在会议后的一定时限内按照伦理委员会审查结论传达的标准操作规程将审查意见反馈给申请人,电话、邮件或其他形式均可。

(4)会议后7个工作内将正式伦理审查批件的副本、会议签到表副本一式两份(均加盖伦理委员会红章),通知申请人领取。

(5)HRPP体系负责人对进一步批准或者不批准伦理委员会已批准的项目负责。

二、快速审查

快速审查由一至两名委员负责审查。快速审查同意的试验项目应在下一次伦理委员会会议上通报。由主任委员或副主任委员授权秘书根据项目的特点、委员的职业背景等,指定两位委员进行快速审查。只有具备3年以上审查经验的委员才可以实施快速审查。

1.快速审查的范围　有以下情况之一的,可以实施快速审查:

(1)对伦理委员会已批准的临床试验方案的较小修正,不影响试验的风险受益比,例如更改方案版本号,修改知情同意书内容,但是不影响受试者的最小风险和受益比。

(2)尚未纳入受试者,以及正在实施的试验项目的年度/定期跟踪审查。

(3)预期的严重不良事件审查。

(4)招募广告的增加或更新,数据统计的更新等。

(5)符合国家食品药品监督管理总局规定的豁免知情同意的检验试剂盒等研究项目。

2.快速审查所需提供的材料　快速审查时,至少一位委员审查与常规会议审查相同的完整材料。根据项目修改内容,递交伦理快速审查递交函、材料清单以及以下材料:

(1)研究方案。

(2)研究方案修订记录。

(3)知情同意书。

(4)知情同意书修订记录。

(5)其他修改或说明文件。

3.快速审查程序

(1)快速审查由两名委员负责审查。由主任委员或副主任委员授权伦理委员会秘书,根据项目的特点、委员的专业背景等指定两名委员进行快速审查。

(2)申请人将项目资料递交给伦理委员会秘书形式审查后,由伦理委员会秘书将资料分发给两位委员。

(3)审查结论有下列情形之一的,快速审查项目应转入会议审查:

1)审查为否定性意见。

2)两名委员的意见不一致。

3)任一委员提出需要会议审查。

4)两名负责委员同意进行会议审查。

(4)伦理委员会出具"同意"的快速审查批件,并由秘书传达给申请人。

(5)快速审查同意的试验项目在下一次伦理委员会会议上通报。

(6)快速审查程序中同意的标准与伦理委员会会议审查的标准一样。

(7)当伦理委员会常规会议中要求作出直接影响IRB作决定的实质性说明或者修改时,研究方案需进行常规审查,而不是经过快速审查程序。

(8)对于跟踪审查,至少需要一个IRB委员对完整的方案包括对已批准的研究方案的修改进行审查。

(9)对于跟踪审查,伦理委员会决定:

1)是否需要对除了研究者之外的来源的方案进行审查,即自从伦理委员会初审之后,没有更换材料。

2)目前的知情文件仍然是准确的和完整的。

3)审查过程中任何重要的新发现及可能涉及受试者继续参加试验意愿的新发现需要提供给受试者。

(10)如果研究者没有向伦理委员会提供跟踪审查的信息或者伦理委员会在截止日期之前没有批准方案,则:

1)停止所有的研究活动。

2)停止对当前受试者的干预和交流,除非伦理委员会发现严重的安全顾虑或者涉及伦理批准意见时限,在受试者最大利益时继续试验。

3)不入组新的受试者。

(11)除了审查项目文件之外,委员审查主要研究者最新的简历或者其他的证明资格的文件。

三、豁免研究

按照AAHRPP的相关豁免要求,研究者按照伦理委员会要求提交文件。审查这些文件之后,如果研究方案符合豁免原则,IRB秘书将会通过电话或者邮件通知研究者。豁免伦理审查不适用于涉及孕妇、胎儿、新生儿、试管婴儿、精神障碍人员和服刑劳教人员的研究。

1. 豁免研究的范围　符合以下情况的生物医学研究项目可以免除审查：

（1）涉及访谈调查、公共行为观察的研究，并且国家有关法规要求在研究过程中及研究后对私人信息必须保密的情况，可以免除审查。

（2）对既往存档的数据、文件、资料、病理标本或诊断标本的收集或研究，并且这些资源是公共资源，或者信息是由研究者以无法联系受试者的方式记录的，可以免除审查。

（3）由政府部门实施或批准实施的研究项目和示范项目，并且是用来研究、评价或检查，可以免除审查。

2. 豁免研究需要满足研究机构的伦理要求，例如：

（1）研究不超过受试者的最低风险。

（2）受试者的选择是合理的。

（3）如果有身份信息的记录，需要有适当的条款以保证数据的保密性。

（4）如果受试者之间存在交流，IRB应当确定是否存在一个知情同意过程，如果可能泄露以下信息：①关于试验的活动；②对于试验程序的描述；③参与是自愿的；④研究者的名字和联系方式。

（5）有适当的条款保证受试者的个人利益。

我国法规和指南关于豁免方面的规定，主要见以下三个方面：

（1）中华人民共和国卫生和计划生育委员会2016年发布的《涉及人的生物医学研究伦理审查办法》中两种免除签署知情同意书的情形，①利用可识别身份信息的人类材料或者数据进行研究，已无法找到受试者，且研究项目不涉及个人隐私和商业利益的；②生物样本捐献者已经签署了知情同意书，同意所捐献样本及相关信息可用于所有医学研究的。

（2）根据CFDA发布的《体外诊断试剂临床研究技术指导原则》，研究者应考虑临床研究用样本，如血液、羊水、胸腔积液、腹水、组织液、组织切片、骨髓等的获得或研究结果对受试者的风险性，应提交至伦理委员会的审查意见及受试者的知情同意书。对于例外情况，如客观上不可能获得受试者的知情同意或该临床研究对受试者几乎没有风险，可经伦理委员会审查和批准后免于受试者的知情同意。

（3）根据CFDA发布的《药物临床试验质量管理规范》，在紧急情况下，无法取得本人及其合法代表人的知情同意书，如缺乏已被证实有效的治疗方法，而试验药物有望挽救生命、恢复健康，或减轻疼痛，可考虑作为受试者，但需要在试验方案和有关文件中清楚说明接受这些受试者的方法，并事先取得伦理委员会同意。

四、审查的批准和额外考虑

IRB是根据本国的法律、条例及规范而成立的,会遵从适当的省和当地法律。研究方案、知情同意书等项目材料如有更新,应该递交至伦理委员会审查,在可能的范围内使受试者承受的风险最小化,安全最大化。

1. 审查结论　研究方案实质性的改变,伦理委员会可能要求提供更多的信息,其他与知情同意标准相关的问题也需要在审查通过后才能够使用。小的或说明性的变化或需求,由伦理委员会主任委员或者指定的伦理委员会委员审查后同意。

一般伦理委员会的会议审查会产生五种审查结论:同意、作必要修正后同意、作必要修正后重审、不同意、暂停/终止临床试验。如果在审查和批准之前,研究项目的批件已到期,所有的研究活动必须停止直到获得同意。IRB意见传达后,研究者与申办者对于IRB提出的意见有疑问或不同见解,可与研究机构伦理委员会办公室通过电子邮件或电话提出申诉,由伦理委员会办公室协调解决。伦理委员会无法解决的,由伦理委员会报告给HRPP负责人,由HRPP负责人协调解决。

2. 批准周期　所有在研项目均需根据伦理委员会批件上的年度/定期跟踪审查期限递交研究进展报告,伦理委员会定期审查临床试验进行中受试者的风险程度,可以会议审查、快速审查形式审查。

根据受试者承担的风险程度,伦理委员会决定哪些研究项目需要更加频繁的跟踪审查,在中国,通常在伦理委员会批件上注明3个月、6个月和12个月的跟踪审查频率。

跟踪审查的日期按照批准方案的第一天算起,并且用公历年计算截止日期。

3. 知情监查　除了常规的文件审查,伦理委员会可以视情况委托委员或伦理委员会秘书对研究的知情同意过程进行监查,以减少受试者是迫于压力或受到不良影响的可能性,确保知情同意过程遵循了批准的过程,或者确定受试者真实地在知情后签署了知情同意书。监查之后,监查人员须向伦理委员会提交一份监查报告,伦理委员会主任委员将根据这份报告决定下一步措施。下列项目是可能接受监查的项目:

(1)高危项目。

(2)涉及复杂或有创干预的项目。

(3)纳入弱势人群的项目。

(4)研究者首次承担临床研究的项目。

(5)其他伦理委员会认为知情同意过程可能不充分的项目。

研究者在没有获得受试者知情同意的情况下,决不能实施涉及人类受试者的研究,在研究过程中,由机构质控员质控,如有问题应及时告知伦理委员会。

4. 研究者的利益冲突 研究者应向伦理委员会公开潜在的或明显存在的利益冲突,伦理委员会应考虑研究人员与研究项目之间的利益冲突,必要时采取措施,比如不允许在申办者处拥有净资产的人员担任主要研究者;不允许有重大经济利益冲突的研究者招募受试者和获取知情同意书;禁止研究者私下收受申办者的馈赠;限制临床专业科室承担临床研究项目的数量。

5. 研究的新发现 研究过程中应该关注有无出现影响本研究风险和受益的新进展报道。如出现影响本研究风险和受益的新进展报道,需由研究者上报至伦理委员会,由秘书形式审查后备案,如有重大问题则需采用其他审查形式。

6. 招募广告 广告等招募材料禁止在没有解释临床研究是试验性的前提下使用"新治疗"或"新药"这样的用语,因为这些用语可能导致试验受试者误认为他们将接受被证明有效的新产品;当其用意是受试者参加研究不收费,不应该承诺"免费医疗",承诺免费医疗对经济困难的受试者可能是一种诱导;可以说明会给予受试者补偿,但是不应该强调报酬或报酬的大小;关于试验用药和试验用设施的优越性、安全性或有效性不应该作任何声明,任何明确声称或含蓄暗示试验药物是安全的或有效的,或者说试验制剂与任何其他治疗疗效相等或优于其他治疗,都是一种误导。

伦理委员会主要审查:①广告中包含的信息;②招募的方式;③广告打印的最终版;④最终的音频或者视频广告。

广告应该限于以下信息,受试者需要决定他们的可参加性和利益,例如:①研究者的名字和地址或者研究设施;②研究目的或者研究条件;③确定参加研究受试者的纳入、排除标准;④简洁的受试者受益列表,如有;⑤需要受试者参加的时间或者其他保证;⑥研究地点和获取更多信息的联系人或地点。

7. 受试者的费用 包括路费补助、赔偿费用,给受试者的报酬不应过高。列明受试者费用的用途、所有费用的一览表和支付安排。

伦理委员会主要审查:①支付的金额、支付方式和支付时间节点既不是强制的也不能显示出不恰当的影响力;②随着试验的进程付款,不能够以受试者完成整个试验为条件;③完成试验获得的任何金额应是合理的,金额不能够太高,否则这会不恰当地导致受试者在他们想要退出试验的时候继续参加试验;④所有的费用的信息,包括支付金额和支付进度,都应该置于知情文件中。

8. 招募激励 对受试者参加试验的激励补偿应考虑合理补偿的原则,避免过度劝诱的问题:①可接受的补偿:如免费的治疗、路费补助,甚至于收入损失的补偿; ②不可接受的补偿: 给受试者钱或实物的报酬不应过高,或提供的医疗服务不应过多,否则可能诱使受试者冒过度的风险,或不是根据他们自己的更佳判断而自愿参加,任何削弱一个人自由选择能力的报酬或奖励将使知情同意无效。

有些研究机构,只接受上文所说的合理的招募费用,但是不接受其他的支付形式。例如,我们不接受支付用来交换潜在受试者的费用,不论是招募受试者的费用还是介绍费,不允许费用用以加快招募,与入组的速度和时间捆绑在一起。

五、跟踪审查

伦理委员会对研究中是否存在影响受试者权益的问题,是否有必要采取进一步保护受试者的措施进行审查。这包括对所有批准的临床试验进行跟踪审查,从作出决定开始到研究结束。主要包括以下类别: 修正案审查、年度/定期跟踪审查、严重不良事件的审查、不依从/违背方案的审查、暂停/提前终止试验的审查、结题审查。跟踪审查的决定及其理由应及时传达给申请人。

对于跟踪审查的项目,伦理委员会决定: ①除了研究者提出修改研究方案,自伦理委员会初始审查通过后不能有材料更换; ②目前的知情文件仍然准确和完整; ③审查过程中发现可能与受试者是否愿意继续参加试验有关的任何重大的发现应提供给受试者。

1. 暂停、终止研究 暂停、提前终止试验的审查是指对申办者或研究者暂停、提前终止试验的审查。伦理委员会同意暂停是指伦理委员会同意一些或所有的研究活动暂时停止。伦理委员会同意终止是指伦理委员会同意所有的研究活动永久终止。

(1)暂停、终止的范围

1)伦理委员会暂停或终止同意的研究类型: ①没有按照伦理委员会的要求进行; ②对受试者存在不可预期的伤害。

2)当研究被暂停或终止,伦理委员会以外的部门命令暂停或终止研究,必须由伦理委员会进行审查,并考虑以下要素: ①考虑采取行动保护目前入组的受试者的权益; ②考虑退出程序是否将入组的受试者的权益考虑进去(例如,安排研究以外的医疗看护,更换其他的研究者,独立监查的情况下继续研究); ③考虑通知在组的受试者研究暂停或终止; ④有任何的不良事件或者结果报告伦理委员会; ⑤在发现报告的时间和完成报告要求之间时限最短。

(2)暂停、终止的程序

1)如果研究者在事先未征得申办者同意的情况下终止或暂停试验,研究者应立刻通知申办者、研究机构、伦理委员会并提供终止或暂停原因的详细书面解释。

2）如果申办者终止或暂停一项试验,研究者应立即通知研究机构,而研究者/研究机构应立即通知伦理委员会,并将向其提供终止或暂停试验原因的详细书面解释。

3）如果伦理委员会终止/暂停一项试验的批准/赞同意见,研究者应告知申办者,并向申办者提供终止或暂停试验原因的详细书面解释。如研究者不遵从已批准的方案或有关法规进行临床试验时,申办者应指出以让研究者纠正,如情况严重或坚持不改,伦理委员会可终止研究者参加临床试验并向药品监督管理部门报告。

4）研究者/申办者应递交暂停/终止函给伦理委员会,由伦理委员会委员审查并出具其审查意见后暂停/终止试验。

2. 年度/定期跟踪审查

（1）批准周期: 对通过伦理委员会审查的在研项目进行每3个月、6个月、12个月1次跟踪频率不等的年度跟踪审查。对研究暂停/终止的研究项目、结题审查的项目需在实施行动前,递交伦理委员会审查后才可执行。伦理委员会对死亡和危及生命的SAE进行督查,影响研究风险受益比的非预期问题参照严重不良事件报告,其余非预期问题在研究进展报告或结题报告中报告。

如果研究者没有在批件失效前向伦理委员会提供研究进展报告或伦理委员会没有批准的研究方案,研究者应停止该项目的相关活动,停止干预,不入组新的受试者,告知已入组受试者。

（2）跟踪审查的过程: 伦理审查申请人应按审查批件中跟踪审查计划,按照跟踪审查文件清单,递交伦理委员会研究进展报告等,伦理委员会秘书负责形式审查,并提前一周通知委员,委员审核以后签字,跟踪审查过程中形成、积累、保存的文件,应及时归档,建立/更新项目档案目录。

研究进展报告主要包括以下内容:

1）自最后一次伦理审查起的项目进展概况。

2）受试者发生的不良事件。

3）对受试者或他人危险的非预期问题。

4）退出的受试者。

5）退出的原因。

6）对于试验的抱怨。

7）研究方案和知情同意书的任何修正或者修改。

8）任何相关的最新文献。

9）任何相关的多中心试验报告。

10）研究者依据试验结果进行的最近的风险-潜在利益评估。

（3）跟踪审查中的不依从：在试验过程中，如研究方案、知情同意书等修改但未递交伦理委员会审查，属于跟踪审查中的不依从，发生此类状况，伦理委员会有权要求暂停/终止研究，研究者向伦理委员会递交有关项目进展的文件，并根据伦理委员会审查意见，决定是否可以继续开展试验。

3. 修正案审查　研究进行期间，临床研究方案的任何修改应向伦理委员会提交修正案审查申请，伦理委员会根据方案修订内容的范围，选择会议审查、快速审查或备案的形式。当有修改时，列明修改之处并写明原因。审查过程中可能与受试者是否愿意继续参加试验有关的任何重大的发现应提供给受试者。经过伦理委员会审查决定是否每个改变都与确保受试者的持续利益一致。伦理委员会应持续教育研究者，如果在临床试验过程中发生任何改变，应提交伦理委员会审查研究文件的修改，进而确保伦理委员会批准时，在其接收到申请的修改期间，没有伦理委员会的批准不能够实施。

4. 结题审查　临床研究完成，申请人应向伦理委员会递交临床试验结束函及结题报告。伦理委员会秘书收到临床试验结束函及结题报告，进行形式审查。形式审查通过，请一位伦理委员会委员进行主审，如有重大问题或委员不同意结题，将转为会议审查。

主要审查要点如下：研究文件的更新是否及时递交伦理委员会；严重不良事件或重大的医学事件是否已及时报告；与研究干预相关的、非预期的严重不良事件是否影响研究的风险与受益；研究风险是否超过预期；研究中是否存在影响受试者权益的问题；是否有必要采取进一步保护受试者的措施。

结题审查的送审文件包括：临床试验结束函、结题报告及相关附件，结题报告应填写完整，申请人签名并注明日期。

伦理委员会秘书传达审查意见，并将临床试验结束函、结题报告及相关附件存档。

5. 涉及受试者风险的非预期问题　根据《药物临床试验伦理审查工作指导原则》、GCP和ICH-GCP，制定如下操作规程，要求研究者向伦理委员会、研究机构报告涉及受试者风险的非预期问题。①不良事件（adverse event）：临床试验受试者接受一种药品后出现的不良医学事件，但并不一定与治疗有因果关系；②严重不良事件（serious adverse event）：临床试验过程中发生需住院治疗、延长住院时间、伤残、影响工作能力、危及生命或死亡、导致先天畸形等事件；③涉及受试者风险或其他人的非预期问题（unanticipated problems involving risks to participants or others），涉及受试者风险的非预期问题或其他任何问题、事件或新的信息的风险：研究过程中发生的非预期的（性质、严重程度或频率）、伦理委员会批准的研究方案中没有描述的。表明受试者可能遭受比先前已知的风险更大的伤害（包括身体、心理、经济或社会伤害）。

（1）需要报告的范围

1）与研究有关但是非预期的问题。

2）任何可能将受试者暴露在潜在风险之下的非预期事件。

3）任何可能将受试者之外的人群，如研究者、研究者助理、公众等，暴露在潜在风险之下的非预期问题。

4）额外信息提示研究的风险获益发生了改变。如研究的中期分析提示研究的风险获益发生了改变，或者其他类似研究的文献提示研究的风险获益发生了改变。

5）违反了保密条款。

6）为了解决受试者的紧急情况，而在伦理委员会审查同意之前就对方案作了修改。

7）受试者权益受到损害或者存在潜在伤害风险的方案违背。

8）违反研究方案给受试者带来的伤害、风险或者任何潜在的伤害。

9）因为试验的风险，申办者暂停或终止临床试验。

（2）IRB处理SAE和非预期问题报告的程序：研究者在获知SAE或其他涉及受试者高危风险的非预期问题后，告知申办者，24小时内上报伦理委员会、中华人民公国卫生和计划委员会和国家食品药品监督管理总局，其他非预期问题应在7个工作日之内告知申办者和伦理委员会。严重不良事件报告类型分为首次报告、随访报告及总结报告。一经判断事件为SAE，研究者必须随访该事件直至出现好转、稳定，或研究者判断无须再继续随访为止。

收到SAE和非预期问题的报告后，伦理委员会对非预期问题进行审查，并将审查意见反馈给申办者及研究者，基于对受试者的安全考虑，伦理委员会有权中止试验的继续进行。非预期问题需要研究者在非预期问题报告中详细描述。报告非预期问题的研究者和伦理委员会有责任确定每一个报告的非预期问题是否对受试者存在风险。组织伦理委员会审查非预期问题，非预期问题的文件需要分发给主审和所有的伦理委员会的成员，如非预期问题的表格、伦理委员会可能需要的其他相关的文件。伦理委员会秘书审查所有研究者报告的问题，并且判断每个报告的问题是否是对受试者产生风险的预期问题。所有确定为非预期问题的都需要在伦理委员会上讨论审查，并将审查结果与意见记录，一份原件留于伦理委员会专用文件夹中存档，另一份交予研究者存档。

伦理委员会可以考虑终止研究，当某些信息可能影响受试者继续参加研究的意愿时，要求研究者告知受试者。

伦理委员会可考虑执行的职责包括：

1）协议的修改。

2）在同意的过程中信息公开的修改。

3）给予已参加完试验的受试者提供额外的试验相关信息。

4）要求当前受试者的再次同意参加试验。

5）继续审查时间表的修改。

6）研究的监控。

7）同意过程的监控。

8）推荐到其他的医院。

6. 不依从/违背方案　不依从/违背方案（non-compliance/violation）指对伦理委员会批准试验方案的所有偏离，并且这种偏离没有获得伦理委员会的事先批准，或者不依从/违背人类受试者保护规定和伦理委员会要求的情况。

不依从/违背方案的审查是指对临床试验进行中发生的不依从/违背方案事件的审查。伦理委员会应要求申办者和（或）研究者就事件的原因、影响以及处理措施予以说明，审查该事件是否影响受试者的安全和权益，是否影响试验的风险受益。

在试验过程中，研究者应严格按照方案设计、流程和规定进行操作，如发生不依从/违背方案，按照以下流程上报：

（1）研究者报告给申办者和（或）CRO。

（2）申办者在获知信息后，及时与研究者沟通应采取的措施，分析不依从/违背方案的原因和影响，如为研究者问题，应重新给研究者进行培训；如是受试者问题，则研究者需要与受试者沟通，以避免或降低此事件的发生率。

（3）申办者和（或）CRO、主要研究者根据不依从/违背方案严重程度，分析受试者是否适合继续参加本研究，给出下一步计划意见：继续、退出、剔除、豁免。

（4）研究者根据意见撰写不依从/违背方案报告，及时递交至伦理委员会。伦理委员会要求申办者和（或）研究者就事件的原因、影响及处理措施予以说明，审查该事件是否影响受试者的安全和权益，是否影响试验的风险受益，伦理委员会秘书将根据不依从/违背方案的性质和程度确定审查形式进行审查。

（5）完成不依从/违背方案的伦理审查后，资料管理员及时存档。

第三节　记录与存档

IRB将所有相关审查文件、活动记录存档。为方便查找，所有的文件都应编码，存放在不同的文件夹里。同时也接受CFDA、申办者，以及其他授权人或机构进行监督和核查。IRB存档的文件包括管理文件类和项目文件类。

1. 管理文件类(包括但不限于)

(1)伦理委员会工作制度、岗位职责、标准操作规程和伦理审查申请指南。

(2)伦理委员会委员任命文件、委员简历和委员签署的保密承诺和利益冲突声明、独立顾问聘请书。

(3)伦理委员会会议日程、伦理审查工作表、会议签到表、投票单、会议记录、伦理委员会审查批件/意见和相关沟通信件。

(4)伦理委员会OHRP、AAHRPP、国家食品药品监督管理总局注册或备案材料。

(5)伦理委员会工作总结和工作计划。

(6)伦理委员会委员培训记录以及培训资料。

2. 项目审查文件类　主要包括研究者/申办者提交的送审材料。比如:

(1)临床批件/中心伦理批件(如有组长单位,必须提供中心伦理批件)。

(2)临床试验方案的摘要(尽量使用非专业、非技术性语言),可附在方案中。

(3)临床试验方案及对临床试验方案的有关说明(可在试验方案中体现),如方案中是否有多个适应证,如有,应单独提交说明。各试验中心主要研究者同意遵循GCP原则和试验方案的声明及签字页,并注明版本、日期。

(4)多中心开展的项目需提交研究者方案讨论会或培训会会议纪要、各中心签到名单;安慰剂项目需提供使用安慰剂为对照药的理论依据。

(5)对试验中涉及的伦理问题的说明(如在临床试验方案中已作了充分说明则可免报)。

(6)知情同意书(应注明日期,须使用受试者能懂的文字)、为受试者进行知情同意提供给受试者了解临床试验的书面和(或)影视资料(所用的语言、提供的其他形式的信息,必须是受试者能准确理解的语言和信息,必要时,可使用其他少数民族的语言文字)。

(7)对如何获取受试者知情同意过程的说明(可在方案中体现)。

(8)研究者手册。

(9)主要研究者及参加试验的研究者的简历(最新的,有签名并注明日期)。

(10)为招募受试者所使用的各种文字、影视材料等。

(11)原始病历、病例报告表、日记录卡及其他问卷。

(12)对受试者参与临床试验是否提供、如何提供有关补偿的说明,包括但不限于医疗保健的费用及使用(可在方案中体现)。

(13)如申请的试验项目已获其他伦理委员会的审查,应提供相应文件。

(14)药物检验报告。

(15)申办者的资质证明及GMP证书。

3. 文件保存　伦理委员会对文件的查阅和复印作出规定,以保证文件档案的安全和保密性。

(1)伦理委员会章程;伦理委员会工作制度、岗位职责、标准操作规程、伦理审查申请/报告指南;伦理委员会SOP历史文件库;伦理委员会工作的授权文件。

(2)委员文档:委员任命文件、委员简历、资质证明文件、伦理审查培训证书、保密承诺、利益冲突声明;独立顾问的简历、保密承诺书和利益冲突声明。

(3)办公室工作文件:通讯录:委员、独立顾问;委员培训:年度培训计划、培训/考核记录与培训证书;年度工作计划与总结;研究资料;审查经费:伦理审查经费的收入与支出记录。

所有的纸质档文件记录都设有专门的文件夹,加锁的文件柜保存。所有研究资料的电子文件记录由伦理委员会专人负责存档,存储电脑设置了登录密码,备份的硬盘或光盘都保存在加锁的文件柜,由伦理委员会专人管理。伦理委员会委员、研究者、申办者、CFDA相关工作人员如需查看资料,需在伦理委员会办理登记手续,其他人员一律无权查阅研究资料。

第四节　知　情　同　意

根据我国《药物临床试验质量管理规范》《药物临床试验伦理审查工作指导原则》、CFDA的相关法规及研究机构伦理委员会相关规定,在研究机构进行的以人为对象的研究,都必须获得书面的知情同意,除非该研究符合CFDA的豁免要求。

知情同意(informed consent):指向受试者告知一项试验的各方面情况后,受试者自愿确认其同意参加该项临床试验的过程,须以签名和注明日期的知情同意书作为文件证明。

知情同意书(informed consent form):是每位受试者表示自愿参加某一试验的文件证明。研究者需向受试者说明试验性质、试验目的、可能的受益和风险、可供选用的其他治疗方法以及符合《赫尔辛基宣言》规定的受试者的权利和义务等,使受试者充分了解后表达其同意。

1. 知情同意的要素

(1)试验目的、应遵循的试验步骤(包括所有侵入性操作)、试验期限。

(2)预期的受试者的风险和不便。

(3)预期的受益。当受试者没有直接受益时,应告知受试者。

(4)受试者可获得的备选治疗,以及备选治疗重要的潜在风险和受益。

(5)受试者参加试验是否获得报酬。

（6）受试者参加试验是否需要承担费用。

（7）识别受试者身份的有关记录的保密程度，并说明必要时，试验项目申办者、伦理委员会、政府管理部门按规定可以查阅参加试验的受试者资料。

（8）发生与试验相关的损害时，受试者可以获得的治疗和相应的补偿。

（9）说明参加试验是自愿的，可以拒绝参加或有权在试验的任何阶段随时退出试验而不会遭到歧视或报复，其医疗待遇与权益不会受到影响。

（10）存在有关试验和受试者权利的问题，以及发生试验相关伤害时，有联系人及联系方式。

2. 知情同意过程　在试验开始前，研究方案和知情同意书都必须获得伦理委员会的批准，如果知情同意书和其他提供给受试者的书面材料有修订，需要再次获得伦理委员会的批准才能使用。

（1）知情同意的目的是将研究者拥有的信息传达给受试者或他/她的法定代理人。

（2）受试者参加试验应是自愿的，而且有权在试验的任何阶段随时退出试验而不会遭到歧视或报复，其医疗待遇与权益不会受到影响。

（3）受试者参加试验及在试验中的个人资料均属保密。必要时，药品监督管理部门、伦理委员会或申办者，按规定可以查阅参加试验的受试者资料。

（4）试验目的、试验过程与期限、检查操作、受试者预期可能的受益和风险，告知受试者可能被分配到试验的不同组别。

（5）必须给受试者充分的时间以便考虑是否愿意参加试验，对无能力表达同意的受试者，应向其法定代理人提供上述介绍与说明。知情同意过程应采用受试者或法定代理人能理解的语言和文字，试验期间，受试者可随时了解与其有关的信息资料。

（6）如发生与试验相关的损害时，受试者可以获得治疗和相应的补偿。

（7）向受试者介绍如不参加试验还有的其他治疗方案。

（8）充分和详细解释试验的情况后获得知情同意书。

（9）受试者或其法定代理人在知情同意书上签字并注明日期，并留上受试者的联系电话。签名必须与身份证或户口本上的名字吻合，不能书写简写或异体字。执行知情同意过程的研究者也需在知情同意书上签署姓名和日期，并留上研究者的联系电话。

（10）对无行为能力的受试者，如果伦理委员会原则上同意、研究者认为受试者参加试验符合其本身利益时，则这些患者也可以进入试验，同时应经其法定监护人同意并签名及注明日期。

（11）儿童作为受试者，必须征得其法定监护人的知情同意并签署知情同意书，当儿童能作出同意参加研究的决定时，还必须征得其本人同意。

（12）在紧急情况下,无法取得本人及其合法代表人的知情同意书,如缺乏已被证实有效的治疗方法,而试验药物有望挽救生命,恢复健康,或减轻病痛,可考虑作为受试者,但需要在试验方案和有关文件中清楚说明接受这些受试者的方法,并事先取得伦理委员会同意。

（13）如发现涉及试验药物的重要新资料则必须将知情同意书作书面修改送伦理委员会批准后,再次取得受试者同意。

（14）知情同意书一式两份,研究者和受试者各执一份。

（15）试验过程中如知情同意书发生变更,需与正在参与试验的受试者再进行一次知情同意,征得受试者同意并签署知情同意书后才可继续试验。

执行知情同意的研究者、受试者必须亲笔签署知情同意书并注明日期。对无能力表达同意的受试者(如儿童、老年痴呆患者等),应取得其法定代理人同意及签名并注明日期;如受试者及其法定代理人均无阅读能力时,则在整个知情过程中需有一名见证人在场,受试者或其法定代理人作口头同意,由见证人签名并注明日期,将双方均签署的知情同意书复印件交予受试者一份。

3. 知情同意的跟踪审查　除了常规的文件审查,伦理委员会主任委员可以视情况,委托委员或伦理委员会秘书对研究的知情同意过程进行跟踪审查,以减少受试者是迫于压力或受到不良影响的可能性,确保知情同意过程遵循了批准的过程,或者确定受试者是真实地提供了知情后的同意。跟踪审查完成后,跟踪审查人员须向伦理委员会提交一份跟踪审查报告,伦理委员会主任委员将根据这份报告决定下一步措施。下列项目是可能接受跟踪审查的项目:

（1）高危项目。

（2）涉及复杂或有创干预的项目。

（3）纳入弱势人群的项目。

（4）研究者经验欠缺的项目。

（5）其他伦理委员会认为知情同意过程可能不充分的项目。

第五节　弱　势　群　体

弱势群体(Vulnerable Persons):相对地(或绝对地)没有能力维护自身利益的人,通常是指那些能力或自由受到限制而无法给予同意或拒绝同意的人,包括儿童、因为精神障碍而不能给予知情同意的人等。

医学研究应遵从伦理标准,对所有的人加以尊重并保护他们的健康和权益。有些受试人群是弱势群体需加以特别保护。必须认清经济和医疗上处于不利地位的人的特殊需要。要特别关注那些不能作出知情同意或拒绝知情同意的受试者、可能在胁迫下才作出知情同意的受试者、从研究中本人得不到受益的受试者及同时接受治疗的受试者。

1.弱势群体的研究分类　涉及弱势群体的试验唯有以该弱势群体作为受试者,试验才能很好地进行;试验针对该弱势群体特有的疾病或健康问题;当试验对弱势群体受试者不提供直接受益的可能,试验风险一般不得大于最小风险,除非伦理委员会同意风险程度可略有增加。当受试者不能给予充分知情同意时,要获得其法定代理人的同意,如有可能还应同时获得受试者本人的同意。

涉及特殊疾病人群、特定地区人群/族群的试验,该试验对特殊疾病人群、特定地区人群/族群造成的影响;外界因素对个人知情同意的影响;试验过程中,计划向该人群进行咨询;该试验有利于当地的发展,如加强当地的医疗保健服务,提升研究能力,以及应对公共卫生需求的能力。

(1)涉及老年人的研究:在中国,60周岁以上的公民为老年人。对于涉及老年人的研究是除了研究者按正常程序向受试者进行知情同意外,同时还应对其直系家属进行知情的告知,在两者均同意的情况下签署相同一份的知情同意书。如在临床研究过程中发生SAE或者非预期事件,本伦理机构处理程序参考涉及受试者风险问题的报告及处理SOP。

(2)涉及孕妇、胎儿和新生儿的研究:如研究机构涉及此类情况,应制定相关管理制度和SOP,如未参与过涉及孕妇、胎儿和新生儿的研究的审查,应在管理制度中写明。

(3)涉及囚犯的研究:如研究机构涉及此类情况,应制定相关制度和SOP,如未参与过涉及囚犯的研究的审查,应在管理制度中写明。

(4)涉及儿童的研究:如研究机构涉及此类情况,应制定相关制度和SOP,如未参与过涉及儿童的研究的审查,应在管理制度中写明。儿童作为受试者,必须征得其法定监护人的知情同意并签署知情同意书,当儿童能作出同意参加研究的决定时,还必须征得其本人同意。

儿童(未成年人)阶段划分:0~10周岁无民事行为能力,知情同意无须征得儿童同意;10~18(或者16)周岁,为限制民事行为能力,需要征得未成年人的意见,但是最终由法定代理人决定;18周岁以上的公民是成年人,具有完全民事行为能力,可以独立进行民事活动,是完全民事行为能力人。16周岁以上不满18周岁的公民,以自己的劳动收入为主要生活来源的,视为完全民事行为能力人。在2017年3月的十二届全国人大五次会议通过的《民法总则》草案,规定现阶段将限制民事行为能力人年龄的下限修改为8周岁,0~8岁无民事行为能力,知情同意无须征得儿童同意,8~18岁为限制民事行为能力,需要征得未成年人的意见,但是最终由法定代理人决定,这就意味着儿童受试者保护SOP也必须进行相应修改。

　　2. 弱势群体伦理审查的要点　伦理审查的主要内容包括是否涉及弱势群体的研究,伦理委员会批准临床试验项目的标准中包括涉及弱势群体的研究,具有相应的特殊保护措施。

　　根据《药物临床试验质量管理规范》《药物临床试验伦理审查工作指导原则》《赫尔辛基宣言》、ICH-GCP中相关规定,如涉及决定能力减弱的人群或者个体进行临床研究,伦理审查委员会将提供额外保护措施确保获得适当的知情同意或者详细描述用来评估此类人群知情同意情况所采取的额外步骤。

　　向伦理委员会提供的用于评估的信息要包括研究者描述用来保护弱势群体权利和福利的额外的保护措施。为了批准那些受试者部分或全部为弱势群体的研究,伦理委员会决定是否将额外的保护措施加入研究方案中以保护他们的权利和福利。如果伦理委员会定期评审的研究中涉及其他弱势群体,描述伦理委员会所遵循的步骤以评估是否需要在研究方案中加入额外的保护措施以保护这些受试者的权利和福利。

　　当研究者可能接近缺乏同意能力的成年人,伦理委员会评估需考虑:拟定的用于评估同意能力的计划是否足够。受试者同意是必要的,而且,如果是这样,同意该计划是否足够。当成年人无法同意时,伦理委员会决定:①非治疗性临床试验(比如试验对受试者无预期的临床受益)应由受试者本人同意签名并注明日期的书面同意文件。②非治疗性临床试验可能是与受试者的合法代表签订知情同意书时,应满足以下条件:A. 临床试验的目的不能通过可以亲自签予知情的受试者来满足的。B. 对受试者的可预见性风险很低。C. 对受试者健康的负面影响已最小化并且很低。D. 临床试验不被法律所禁止。E. 伦理委员会的意见明确表达需要此类受试者入选,并且书面意见涵盖这方面。F. 除非是有正当理由的特例,这些试验都应在患有疾病的患者或者研究产品的目的已确定的条件下进行。在这些试验中受试者应密切监测并且如果他们出现过度苦恼应及时退出试验。

　　伦理委员会需要评估试验是否涉及决策能力低下的受试者参与,如果涉及,应提供额外的保护措施,以确保适当的同意过程。当研究中包含决策能力低下的人群并没有特殊的政策和操作规程、描述,一般而言,则应按照伦理委员会的步骤以评估这些人群的同意过程。

　　(1)弱势群体的入组

　　1)受试者的人群特征(包括性别、年龄、种族等)。

　　2)试验的受益和风险在目标疾病人群中公平和公正分配。

　　3)拟采取的招募方式和方法。

　　4)向受试者或其代表告知有关试验信息的方式。

　　5)受试者的纳入与排除标准。

（2）受试者的医疗和保护

1）研究人员资格和经验与试验的要求相适应。

2）因试验目的而不给予标准治疗的理由。

3）在试验过程中和试验结束后，为受试者提供的医疗保障。

4）为受试者提供适当的医疗监测、心理与社会支持。

5）受试者自愿退出试验时拟采取的措施。

6）延长使用、紧急使用或出于同情而提供试验用药的标准。

7）受试者需要支付的费用说明。

8）提供受试者的补偿，包括现金、服务和（或）礼物。

9）由于参加试验造成受试者的损害/残疾/死亡时提供的补偿或治疗。

10）保险和损害赔偿。

3．隐私和保密

（1）可以查阅受试者个人信息（包括病历记录、生物学标本）人员的规定。

（2）确保受试者个人信息保密和安全的措施。

第六节 特 殊 问 题

在研究机构所进行的研究中，研究用药物和器械的使用必须遵循我国CFDA对研究用药物和器械的相关法律法规。同时，研究药物的使用过程必须在研究机构HRPP的监督下进行。

该过程从CFDA监管机构获得批准：任何用于新药研究和开发的临床试验，以及任何医疗器械Ⅱ期或Ⅲ期试验均需要事先获得CFDA批准。监督临床试验用药的过程以保证它们只用于批准了的研究方案并且是在有资格的研究人员的指导下进行。研究团队成员有不同的职责，比如参与研究的医生、药品管理员和护士，医生负责决定是否使用试验用药。然而药物的接收、储存、分发、回收由护士执行，参与研究的药品管理员负责审核操作流程。药品管理员和护士需要检查核对医生处方和已批准的研究方案以确定是否使用试验用药。

按照《药品注册管理办法》的要求，国家食品药品监管总局依据技术审评报告和相关法规，在规定时限内作出审批决定，符合规定的，予以批准，发给《药物临床试验批件》。

申请人在开展临床试验前应当具备伦理委员会审查报告、临床试验批件或者生物等效性试验备案号。所有的临床试验方案及其变更均需经过伦理委员会审查通过后方可实施。

医疗器械临床试验，是指在经资质认定的医疗器械临床试验机构中，对拟申请注册的医疗器械在正常使用条件下的安全性和有效性进行确认或者验证的过程。

临床试验应当获得医疗器械临床试验机构伦理委员会的同意。列入需进行临床试验审批的第三类医疗器械目录的,还应当获得国家食品药品监督管理总局的批准。

知情同意书应当采用受试者或者监护人能够理解的语言和文字。知情同意书不应当含有会引起受试者放弃合法权益以及免除临床试验机构和研究者、申办者或者其代理人应当负责任的内容。

1. 研究药物的豁免　按照ICH-GCP 1.33试验用药品的规定,研究药物是申办者提供给医院供药物临床试验用的所有药物的总称,一种在临床试验中供试验用的或作为对照的活性成分或安慰剂的药物制剂。包括一个已上市药品以不同于所批准的方式使用或组合(制剂或包装),或用于一个未经批准的适应证,或用于收集一个已批准用法的更多资料。

根据我国《药品注册管理办法》中第32条规定,药物临床试验的受试例数应当符合临床试验的目的和相关统计学的要求,并且不得少于本办法附件规定的最低临床试验病例数。罕见病、特殊病种等情况,要求减少临床试验病例数或者免做临床试验的,应当在申请临床试验时提出,并经国家食品药品监督管理总局审查批准。在进行的罕见病、特殊病种及其他情况的临床试验时,在获得国家食品药品监督管理总局审查批准后,向伦理委员会说明情况,并附上国家食品药品监督管理总局出示的相关批文或回复。

2. 研究器械的豁免　根据《医疗器械临床试验质量管理规范》,目前我国暂无关于医疗器械豁免的法规指南。

3. 知情同意的紧急豁免　在紧急情况下危及生命时,如果患者足够清醒且具备签署知情同意书的能力时,应告知患者本人可能的风险和获益,反之,则应和患者家属详细解释该试验用药品或器械可能带来的获益及风险,尽可能地获得患者直系家属的同意。如确因不可抗力的原因,无法获得知情同意,应该在抢救结束后向伦理委员会报告该事件。

4. 试验用药品的紧急使用　伦理委员会需要审核紧急情况中使用的试验药物。若发生该类事件,谨遵救人第一原则,试验用药品的紧急使用,仅适用于患者出现生命危险时,除试验用药品之外无疗效确切且安全的其他可替代的药品。

临床试验中的试验药物必须按照研究方案,仅供临床试验中签署了知情同意书的受试者使用。除非在紧急情况下危及生命时,如果除试验物品之外无疗效确切且安全的其他可替代物品时可用于其他未签署知情同意书的患者。抢救结束后,研究者应及时向伦理委员会报告事件的经过。

5. 研究用生物制品的紧急使用　发生紧急情况时,在没有替代的有确切疗效且安全的替代生物制品的情况下,允许紧急使用研究药物,但该患者不能作为研究病例纳入临床试验,且研究者在事后应向申办者、伦理委员会/国家食品药品监督管理部门报告。

6. 研究器械的紧急使用 研究者必须严格遵循临床试验方案,没有申办者的同意和伦理委员会/国家食品药品监督管理部门的批准,研究者不得偏离或实质性修改方案,除非在必须消除临床试验受试者的直接危险等紧急情况下,但事后需要以文件的形式经临床试验机构的医疗器械临床试验管理部门向申办者、伦理委员会/国家食品药品监督管理部门报告。

第三章

研究者及其团队

第一节 研究者的职责和资质

研究者是负责在一个试验单位实施临床试验的人。如果在一个试验单位是有一组人员实施临床试验，研究者指这个组的负责人，也称主要研究者。研究者负责所承担的药物临床试验的项目管理、具体操作和质量控制，是受试者安全和药物临床试验质量的直接责任人。

研究者应具备下列条件：①在合法的医疗机构中具有任职行医的资格；②具有主治医师或以上的技术职称；③具有试验方案中所要求的专业特长、资格和能力并经过GCP培训；④对临床试验研究方法具有丰富经验或者能得到本单位有经验的研究者在学术上的指导；⑤熟悉申办者所提供的与临床试验有关的资料与文献；⑥具有并有权支配进行该项试验所需要的人员和设备条件；⑦熟悉临床试验管理规范，遵守国家有关法律、法规和伦理规范。

研究者对研究项目负全部责任。研究者可以授权研究团队参与研究活动，并获得相关资质及研究方案培训，与研究团队共同完成研究。但是，研究者应监督研究团队以保证按照以下的伦理要求完成试验。

一、研究者的职责

为保证受试者的利益和安全，设计并执行试验的研究者需要承担以下职责：

（1）研究者必须详细阅读和了解试验方案的内容，与申办者共同制订临床试验方案，并严格按照研究方案以及相关规范执行。

（2）研究者应在开展研究或修订研究方案前向伦理委员会递交审查资料。

（3）研究者应通过最新简历或者由申办者、伦理委员会或监管机构所要求的其他相关文件来提供资格证明。

（4）研究者应了解并熟悉在研究方案、研究者手册、产品信息或申办者所提供的其他信息资源中所描述的试验用药的性质、作用、疗效及安全性（包括该药品临床前研究的有关资料),同时也应掌握临床试验进行期间发现的所有与该药品有关的新信息。

（5）生产、操作、储存过程应符合相应的药品生产质量管理规范。

（6）研究者必须在有良好医疗设施、实验室设备、足够的人员配备的医疗机构进行临床试验,该机构应具备处理紧急情况的一切设施,以确保受试者的安全。实验室检查结果必须正确可靠。

（7）研究者应获得所在研究机构或主管单位的同意,保证有充分的时间在方案规定的期限内负责和完成临床试验。研究者须向参加临床试验的所有工作人员说明有关试验的资料、规定和职责,确保有足够数量并符合试验方案入选标准的受试者进入临床试验。

（8）研究者负责保证所有研究人员具备资格(例如,包括但不限于适当的培训、教育、专业知识、证书和相关的特权)以执行研究中分配给他们的任务。

（9）研究中必须维持有一系列合适的有资历的人并委以他们重要的与临床试验相关的责任。

（10）研究者应向受试者说明经伦理委员会同意的有关试验的详细情况,并取得知情同意书。

（11）在某些允许或要求的地方,研究者需要分配一些或全部的负责试验中心试验药物的任务给合适的药品管理员或其他合适的在研究中监管之下的人。

（12）研究者、药品管理员或其他指定的人需保持药物运送至试验中心、试验中心的保存、每例受试者的使用以及申办者的回收或未使用药物可选择的处置的记录,这些记录将包括日期、数量、批号、有效期(如果适用)以及分配给试验药物和受试者的特定的代码编号。

（13）受试者应按方案使用剂量并与所有从申办者接收的试验药物一致,而研究者应该保持足够的文件记录。

（14）研究者负责作出与临床试验相关的医疗决定,保证受试者在试验期间出现不良事件时得到适当的治疗。

（15）研究者有义务采取必要的措施以保障受试者的安全,并记录在案。在临床试验过程中如发生严重不良事件,研究者应立即对受试者采取适当的治疗措施,同时报告药品监督管理部门、申办者和伦理委员会,并在报告上签名及注明日期。

（16）在受试者试验期间或随访期,研究者需确保对于任何不良事件,包括具有临床意义的与临床试验相关的实验室标准,均要给受试者提供充足的医疗护理。研究者要跟踪临床试验的随机过程并确保编号按照方案中规定打乱。如果临床试验需设盲,那么研究者需提供文件并向申办者解释所有的早期揭盲。

（17）作为研究者或合作研究者，一名医师（或者牙科医生）负责作出所有的临床试验相关的医学（牙科学）决定。

（18）研究者需告知受试者什么时候需要进行研究者所了解的其他疾病的医疗护理。

（19）如果受试者有主治医师并同意其被告知，研究者应向受试者的主治医师说明其参与到临床试验中。尽管受试者不需要给出提前退出试验的理由，研究者需通过合理的工作确认这个理由，同时要完全尊重受试者的权利。

（20）说明研究者及其团队提供所有的内部信息并遵循经CFDA-GCP和ICH-GCP（E6）统一意见的附属要求。

（21）说明研究机构以何种方式向受试者提供关于如何就顾虑、投诉或者关于试验研究的问题以及信息需求等联系研究者或研究团队的信息。

（22）研究者应保证将数据准确、完整、及时、合法地载入病例报告表。

（23）研究者应接受申办者派遣的监查员或稽查员的监查和稽查及药品监督管理部门的稽查和视察，确保临床试验的质量。

（24）研究者应与申办者商定有关临床试验的费用，并在合同中写明。

（25）研究者依据报告要求和申办者在方案中规定的时间内向申办者报告不良事件或方案中指出的实验室异常情况，并作安全性评价。

（26）关于死亡报告，研究者应向申办者和伦理委员会提供所有额外要求的信息（例如：死亡报告，以及其他医学报告）。

（27）研究者在适当情况下，任何变化都可极大影响临床试验的实施或可增加受试者风险的医院所在地向申办者、伦理委员会提供书面报告。

（28）临床试验完成后，研究者向医院和伦理委员会递交试验结果的总结报告，并且向管理部门递交所有要求的报告。研究者必须写出总结报告，签名并注明日期后送申办者。

（29）研究者提前终止或暂停一项临床试验必须通知受试者、申办者、伦理委员会、国家食品药品监督管理部门、中华人民共和国卫生和计划生育委员会等相关部门，并阐明理由。

（30）研究者应按针对临床试验实施的基本文件中的规定以及可适用的监管要求保存文件。按照我国GCP的要求，临床试验中的资料均须按规定保存及管理。研究者应保存临床试验资料至临床试验终止后5年。申办者应保存临床试验资料至试验药物被批准上市后5年。或遵循ICH-GCP适用要求批准上市后至少2年，同时需被保存至在ICH范围内没有计划中的上市申请或试验药物的临床进展正式终止后至少2年。

（31）研究者有不同的责任，例如研究医生、研究药品管理员和研究护士：医生负责决定是否使用试验药物，但是由护士负责接收、储存、分配和回收试验药物,而研究药品管理员负责监查所有过程。研究药品管理员和护士需要核查医生的处方和已批准的试验方案以确定是否使用试验药物。研究设备与试验药物类似,由医生负责决定是否使用某种研究设备,而护士负责接收、储存、使用和回收这种研究设备,同时护士需要核查医生的处方和已批准的试验方案来确定是否使用该种研究设备。

二、研究者和研究团队的培训/继续教育

由于研究者具有多项职责且对专业性的要求较高,所有参与试验的研究者及其研究团队,在进行临床研究前必须通过GCP和伦理相关的培训,并考试合格取得相关证书后,方可参与试验。

所有研究者及其团队每年需至少参加1次伦理培训和继续教育活动,每隔3年,应重新参加相关法律法规及伦理相关培训考试。国家药物临床试验机构具有定期组织研究者接受培训和继续教育的任务。研究者经过考试合格后,回收其原来的培训证书,并被授予新的培训证书后,方可继续从事临床试验活动。

非干预性流行病学调查研究允许部分调查员未经过GCP相关培训,参与试验的研究者在经过方案培训后,被研究者授权后即可参与临床研究活动。同时,研究者对其授权行为负责。

三、研究者需要考虑的问题

研究者应充分考虑研究方案的可操作性及安全性相关问题。在审阅安全性报告之后,应及时对试验方案进行评估,是否可以继续进行该项临床研究,当研究者对方案安全性存在异议时,应及时告知给伦理委员会,由伦理委员会经过上会讨论后决定是否能够继续开展该项临床研究,会后将伦理审查结果告知申办者,并按照伦理审查结果继续或终止试验。

第二节 研究设计中的伦理考虑

在涉及与人相关的研究中,研究者作为研究的负责人和直接参与人,除了考虑科研设计的科学性,也需要考虑到在进行研究过程中的伦理问题。保护受试者的思想应该贯穿于整个试验的设计和操作过程中。

一、试验设计中的伦理考虑

1. 试验设计的过程 一般研究者与申办者/CRO、统计方等多方合作,设计科学、伦理和可操作的临床试验方案。试验方案主要包括叙述试验的背景、

理论基础和目的,试验设计、方法和组织,包括统计学考虑、试验执行和完成的条件。

方案起草者撰写方案前必须了解以下背景资料:CFDA临床批件中有关临床试验方面的要求、临床前动物的安全性和有效性资料、药物的制剂特点、初步拟定的药物说明书、试验前已有的相关药物临床资料等;确定试验分期和试验目的;确定试验总体设计,包括试验盲态水平(开放/单盲/双盲)、随机化水平和随机化方法、对照的选择、试验对象的选择、试验药物剂量与用法的确定、评价指标的确定等;确定试验样本量,样本量首先要符合统计学要求,同时还要符合法规要求,两者取大值,如是稀有病种等样本量不能满足法规要求的应详细说明理由。

按照我国2003年版GCP要求及研究机构临床试验方案撰写规范完善各章节内容,包括统计计划、数据管理、知情同意书、病例报告表(case report form,CRF)、研究病历等。在第1版方案成形后,组织相关研究人员讨论方案,包括统计人员,多中心临床研究要求各中心主要研究者参加,如主要研究者不能参加,应尽量派具有药物临床试验经验的研究人员参加,必要时可邀请相关专家参加,以保证试验方案的科学性和可行性。多方讨论后形成方案的第2版,申办者、研究方认可方案,并在方案上签字后,主要研究者向伦理委员会提出申请,并提交相关材料。如伦理委员会对方案没提出异议,第2版方案即为最终方案,如有异议,按伦理委员会的要求进行修改,直至得到伦理委员会批准的方案为第3版方案,申办者和研究方在方案签字,并按照最终方案严格执行。如试验过程对方案进行修订,需重新获得伦理委员会的批准,方案版本进行相应更改,经批准的修正方案应及时进行再次培训,明确要求终止原有方案,统一按已修订的方案实施临床试验。

2. 试验设计过程的保护受试者的考虑

(1)在试验设计时,必须对受试者的个人权益给予充分的保障,并确保试验的科学性和可靠性。受试者的权益、安全和健康必须高于对科学和社会利益的考虑。伦理委员会与知情同意书是保障受试者权益的主要措施。

(2)设计合理的受试者筛选、入组、治疗、随访标准操作规程。研究者应充分评估受试者的试验风险,避免高危人群加入研究中。对于有清洗期的药物临床试验,清洗期完成之后,必须按入选标准、排除标准再次逐条核对无误后,才能给与试验用药物。严格按照临床试验方案分发药物,并在相应的随访时间点观察药物疗效和安全性指标。各研究专业宜建立受试者数据库,对慢性病、高发病患者建立长期跟踪随访的机制。

(3)研究人员应对申办者/CRO提供的全部药物研究信息严格保密,同样也要求其他参与人员和伦理委员会人员采取同样的保密措施,未经申办者书面许可不得以任何形式泄露以上信息,包括学术交流、学术论文等,但GCP上规定的视察、稽查及监查除外。

(4)为了控制临床试验过程中和解释结果时产生偏倚,通过设盲使一方或多方不知道受试者治疗分配的程序,且一旦出现紧急医学事件产生破盲过程,如在试验过程中出现紧急的医学事件,而处理该事件又依赖于受试者服用的试验用药物的组别时,需要实施紧急揭盲,实施紧急揭盲需征得本中心主要研究者的同意。一旦揭盲,受试者应立即退出本试验,同时研究者应立即将此情况通知监查员和机构办公室,同时报告申办者和组长单位的主要研究者。

二、试验运行过程中的伦理考虑

1. 试验运行一般流程 与人相关的研究有一些具体流程,一般由申办者或申办者委托的CRO向药物临床试验机构或专业接洽,商讨临床试验合作意向,申办者或申办者委托的CRO填"临床试验申请表",并向专业和机构办公室提供相关资料和信息。专业和机构根据相关情况决定是否拟同意参加该研究。专业和机构拟同意参加临床试验,并在试验申请表上签字同意,参与临床试验方案的制订或认可临床试验方案。专业和机构参与试验方案讨论会和各中心协调会。主要研究者向医院伦理委员会提出申请,按照伦理审核清单提交相关材料,伦理委员会对项目进行会议审查。机构、专业与申办者商讨临床试验委托协议,签署委托协议。协议要求详见临床试验项目协议商议、审核、签署及存档SOP。申办者按试验方案准备试验用药物和相关的试验材料。如是盲法试验,统计方负责设盲。申办者或申办者委托的CRO将试验药物、试验资料及相关的试验材料交临床试验专业。申办者提供首笔试验经费(如合同要求)。研究人员按试验方案筛选受试者,入组受试者,分发药物,随访,回收药物,并详细记录,及时填写各种资料。专业内部随时进行内部质量控制,机构办公室按照抽查病历质控SOP、试验过程中质控SOP进行质量检查和记录。机构和专业随时接受申办者的监查和稽查。如出现SAE和重要医学事件,按SAE处理和报告要求进行处理和报告。试验过程中专业可将完成病例的CRF的两联(统计联、组长单位联)及时交申办者,便于及时录入数据,但交CRF之前,主要研究者必须审核并在CRF上签字。移交CRF需记录,记录作为试验资料待试验结束后交机构办公室存档。所有病例随访完成后,研究人员及时完成各种文件填写,主要研究者审核每份CRF并签字,机构办公室作试验结束后质控。专业将CRF和回收、剩余的药物移交给申办者。统计方负责数据的录入和统计。各专业接受统计方的数据答疑。如为组长单位,主要研究者组织人员撰写试验报告,如为分中心,按要求填写分中心小结表。专业和机构参与由申办者组织的试验总结会,讨论总结报告。主要研究者认可试验总结报告和试验小结,并在报告封面和小结表上签字。申办者根据协议向研究单位提供试验经费余款。机构在审查各项资料和经费后在试验报告和试验小结表上盖机构章。申办者或申办者委托的CRO向机构和专业提供最终研究报告(有各中心和申办者盖章的申报材料的最终稿)。专业和申办者或CRO收集各种资料,交机构办公室,机构办公室负责试验资料归档保存。试验资料保存期为试验结束后至少5年。

2. 试验运行过程中的保护受试者的考虑及措施

(1)研究者未按时递交跟踪审查报告:伦理委员会再教育研究者仍然没有收到报告,可以考虑暂停或终止该项目。首先还是从受试者保护的角度去考虑,暂停或终止对目前的受试者的治疗是否存在严重的损害或高风险。如果停止研究,转入正常医疗都无障碍,则可以暂停或终止。如果增加了风险或难以接受其他治疗,建议暂停新病例入选,老病例仍继续治疗和随访。

(2)数据安全监察:由申办者承担,根据试验的规模、复杂程度以及试验风险设计安排相应强度的数据安全监察,从监查员到成立独立的数据安全监察委员会,数据安全监察的结果会及时报告PI。研究者在设计方案时应充分考虑药物的合理剂量、受试者退出标准,高风险项目要制订紧急医学事件的处理应急预案。实施过程中要如实记录和追踪不良事件。要给受试者提供紧急情况的联系方式。举例:国际多中心研究大部分都设置了数据安全监察委员会,并事先规定审查的频率(如试验中期或纳入多少例患者),确定多少比例的严重不良事件或非预期的不良事件是可以接受的。数据监察报告一旦完成,要求及时递交伦理委员会。

(3)SAE/可疑且非预期严重不良反应(suspected unexpected serious adverse reaction, SUSAR)/涉及受试者和他人风险的非预期问题的报告:研究者在获知SAE 24小时内报告伦理委员会。本中心SUSAR是研究者在获知7天内报告伦理委员会。其他分中心SUSAR是1个月内报告伦理委员会。本中心涉及受试者和他人风险的非预期问题是研究者在获知7天内报告伦理委员会。伦理委员会秘书视严重程度处理,严重的本中心涉及受试者和他人风险的非预期问题马上报告主任委员,必要时召开紧急会议,一般在每月的伦理例行审查会议上报告。其他分中心涉及受试者和他人风险的非预期问题是1个月内报告伦理委员会。举例:某项目出现了受试者遗失了一定数量的精神类药物情况,他们及时报告了伦理委员会、机构和市药监局等管理部门。参考以上3条定义可以判断为非预期问题。处理时一方面要加强受试者的培训,另外一方面也要对研究者进行培训,在受试者筛选、治疗依从性评估、受试者教育方面着重培训。

(4)受试者不能阅读或签字(如文盲或肢体残疾,但有独立行为能力):需要在独立的证人见证下完成,这个证人指的是独立的第三方,既不是法定代理人也不是研究团队的医生、护士。

（5）若最终研究结果显示该研究对受试者的安全有损害：在试验结束后也应该将结果告知受试者。

第三节　多中心临床试验

一、HRPP在多中心临床试验中的作用

多中心试验是由多位研究者按同一试验方案在不同地点和单位同时进行的临床试验。各中心同期开始与结束试验。多中心试验由一位主要研究者总负责,并作为临床试验各中心间的协调研究者。多中心试验一般分为国内多中心和国际多中心两种。

国内多中心临床试验是由国内多个研究者在国内多个临床试验中心共同进行的临床试验。国内多中心临床试验主要遵循我国CFDA的GCP伦理指南。

国际多中心临床试验是由多国研究者在多国多个临床试验中心共同进行的临床试验。国际多中心临床试验病例数通常较大,可以入选不同种族不同地区的病例,能够比较广泛地代表各种人群的资料。在研究机构进行的国际多中心试验需要适当地遵循美国FDA伦理法规。

在进行多中心研究时,HRPP应承担或确保以下职责：

（1）多中心研究的试验方案由各中心的主要研究者与申办者共同讨论认定；经伦理委员会批准后方可执行。

（2）在临床试验开始时及进行的中期会组织召开研究者会议,且各中心同期进行临床试验。

（3）多中心试验批准后,应进行批准后监测,处理受试者抱怨和依从性问题。

（4）确保各中心临床试验样本大小及中心间的分配符合统计分析的要求。

（5）保证在不同中心以相同程序由有药事专业背景的专业人员管理试验用药品,包括分发和储藏。

（6）根据同一试验方案培训参加该试验的研究者。

（7）建立标准化的评价方法,试验中所采用的实验室和临床评价方法均有统一的质量控制,实验室检查也可由中心实验室进行。

（8）数据资料集中管理与分析,建立数据传递、管理、核查与查询程序。

（9）保证各试验中心研究者遵从试验方案,包括在违背方案时终止其参

加试验。

（10）多中心试验根据参加试验的中心数目和试验的要求，以及对试验用药品的了解程度建立管理系统，协调研究者负责整个试验的实施。

当研究机构为多中心研究的组长单位时，应对试验过程中出现的有关受试者保护的信息进行管理，包括：涉及受试者或其他人的风险的非预期问题、研究进展中期报告、研究方案的修改。

二、多中心临床试验的伦理审查

国际多中心临床试验的伦理审查应以审查的一致性和及时性为基本原则。多中心临床试验建立有协作审查的工作程序：

（1）组长单位伦理委员会负责审查试验方案的科学性和伦理合理性。

（2）伦理委员会应具有专业资质的IRB委员或独立顾问对研究方案的科学性、伦理合理性进行审查，同时应对研究方案是否遵从当地法律法规及文化背景进行审查。

（3）伦理委员会应对知情同意书进行审查，应确保其语言通俗易懂，符合中国语言方式。同时，如在审查过程中有疑问，可向当地的IRB进行咨询或协调。

（4）伦理委员会作为参加单位在接受组长单位伦理委员会的审查意见的前提下，负责审查该项试验在本机构的可行性，包括机构研究者的资格、经验与是否有充分的时间参加临床试验，人员配备与设备条件。伦理委员会有权批准或不批准在其机构进行的研究。

（5）伦理委员会审查认为必须作出的修改方案的建议，会形成书面文件并通报给申办者或负责整个试验计划的试验机构，供其考虑和形成一致意见，以确保各中心遵循同一试验方案。

（6）伦理委员会对通过伦理审查的多中心临床试验进行跟踪审查。如发生不良事件、严重不良事件、SUSAR、涉及受试者和他人风险的非预期问题等，所在机构伦理委员会应负责及时审查，并将审查结论通报其他参加单位伦理委员会。参加单位伦理委员会审查认为必须作出的修改方案的建议，应形成书面文件并通报给负责整个研究项目的组长单位伦理委员会和申办者，供其考虑和采取相应的行动，以确保各中心的研究都遵循同一方案。基于对受试者的安全考虑，参加单位伦理委员会有权中止在其机构进行的研究。

（7）组长单位对临床试验的跟踪审查意见应由相关负责人及时递交各参加单位备案。

（8）如某研究机构为多中心研究的组长单位时，该机构伦理委员会应对受试者保护相关的信息管理进行评估。

（9）如果试验过程中出现方案违背或投诉的情况，研究者应及时提出解决方案并向伦理委员会备案，伦理委员会应对方案违背及其处理情况进行审查。

（10）一般情况下，国内研究所遵从的相关法律法规也同样适用于国际多中心研究。

三、临床试验的注册

对于研究机构内由研究者负责的研究，一般鼓励主要研究者对此临床试验在公共的临床试验数据平台进行注册，注册平台包括：

（1）美国临床试验数据库（ClinicalTrials. gov, A Service of the U. S. National Institutes of Health），网址为：http: //clinicaltrials. gov/。

（2）世界卫生组织（WHO）的国际临床试验注册平台International Clinical Trials Registry Platform, ICTRP），网址为：http: //www. who. int/ictrp/faq/en/。

（3）中国临床试验注册中心（Chinese Clinical Trial Registry, ChiCTR），网址为：http: //www. chictr. org. cn。

现场考察是AAHRPP认证过程的关键步骤,一般会在递交第二步申请资料的同时与被访谈的单位负责人员约定具体考察日期以及访谈名单。所有要求被访谈的人员需要把时间安排好并做好相关准备工作。个人需根据角色差异,了解面谈的具体流程,准备好面谈过程中可能会问到的问题。

以研究者及研究团队为例:所有研究相关成员都要准备好正在进行的项目清单、最后更新的日期以及各种相关的特别信息,比如有无儿童的参与或者利益冲突等。

以IRB主任委员和成员为例:必须要熟知评审政策的变化,特别是新的SOP以及评审的主要内容和案例等。

以其他相关工作人员为例:由AAHRPP准备小组,包括IRB主任委员、HRPP负责人、执行人员和辅助人员组成,负责AAHRPP现场考察专家的行程安排和各种相关文件的准备。

接受访谈人员需要了解以下相关知识:

1. 了解AAHRPP认证及相关要求;了解开展临床研究的国际国内相关法规与指南名称;了解医院受试者保护(HRPP)相关规定与制度,知道如何获得这些规定。

2. 熟悉自己在人类研究受试者保护体系中的职务与角色。

3. 熟悉HRPP体系的其他组成部分(HRPP负责人、临床试验和研究办公室、机构办、医务处〈质量持续改进委员会〉、伦理委员会、监察办〈利益冲突委员会〉、临床研究专家委员会、依从性监管委员会、生物安全委员会、临床专业科室负责人与研究者、法律顾问等)。

4. 熟悉有关临床研究的相关规定与问题,知道到哪里寻求参考答案或帮助。

5. 熟悉伦理委员会的相关要求,包括:所有涉及人的研究必须获得伦理委员会批准后方可实施;过程中接受伦理委员会的跟踪审查,直到研究结束。

6. 熟悉研究过程中如何报告利益冲突(conflict of interest, COI)、SAE/SUSAR/涉及受试者和他人风险的非预期问题、违背方案、修改方案、跟踪审查。

7. 熟悉以下问题的反映途径：存在利益冲突不报告，违反受试者保护规定/违背方案，有关受试者保护体系的问题与建议。

8. 熟悉利益冲突管理的相关部门与规定、相关培训要求以及本人接受过的培训(尤其是HRPP培训)。

9. 研究者必须熟悉在开展研究过程中如何保护受试者，包括：研究设计、招募受试者、纳入/排除、知情同意、免除知情同意、免除知情同意签字、特殊人群的知情同意要求、涉及孕妇/胚胎/儿童/智障人群的研究要求、SAE/SUSAR/涉及受试者和他人风险的非预期问题处理与报告、数据安全监察、隐私与保密、违背方案、COI报告等；管理人员了解这些要求。

10. 了解受试者教育方式，熟悉受试者投诉的途径与处理。

11. 了解机构伦理委员会网站可以下载伦理审查表格：机构/医学伦理委员会网站。

12. 伦理委员会成员熟悉现行制度SOP，熟悉审查要素。

下文我们会针对在HRPP项目中担任不同工作的相关人员有可能提出的问题进行举例，包括一些共性问题及针对主要研究者/PI、伦理委员会委员、伦理委员会秘书、管理及其他部门人员：①药师；②IRB的非医学人员的问题和科学人员的问题；③管理及其他部门：合同审查人员、生物安全委员会、临床科学研究专家委员会；④负责HRPP培训人员；⑤利益冲突委员会；⑥国家药物临床试验机构；⑦依从性监管委员会；⑧质量持续改进委员会。

第一章

共 性 问 题

第一节　关于AAHRPP

1. 请问你们为什么要申请AAHRPP？

参考答案: （1）研究受试者可获得更加全面系统的保护。
（2）医院的声誉、研究质量和竞争力可获得显著增强。
（3）认证使研究机构成为申办者最好的选择。

2. 您对AAHRPP知道多少？

参考答案: （1）人类研究保护项目认证协会是一个独立的非营利性认证机构。
（2）目的：旨在促进高质量和规范的临床研究,体现于在涉及人体试验和研究过程中所遵守的自愿、有利、不伤害和公正等一系列伦理原则。
（3）代表了全球人类研究保护水平的最高准则,迄今全球有超过200家机构获得了AAHRPP认证。

AAHRPP认证主要涉及的三个领域:
1）机构: 涉及人类研究项目的执行机构: ＊＊＊＊医院,药物临床试验机构,机构下面建立HRPP体系,体系中会包括人类研究项目的审查机构: 院办（文件、合同）、临床试验和研究办公室（教育培训、合同与基金、生物安全）、监察办（利益冲突）、医务部（医疗新技术、质量持续改进）、临床研究专家委员会（科学性审查、依从性审查）等。
2）伦理委员会: 伦理委员会虽然包含在HRPP体系中,在AAHRPP认证过程中是被考察的主体对象以及考察其他部门的切入点。
3）研究者及其团队: 研究项目主管负责人和执行者: n个临床专业（包括Ⅰ期）的主要研究者（主任、PI）、研究工作人员（包括护士、CRC）、药师。

3. 开展认证,你们需要开展哪些工作(整个工作流程)?

参考答案:(1)认证资料的准备;(从＿＿＿年＿＿＿月~＿＿＿年＿＿＿月,研究机构根据实际准备情况作参考答案)。

(2)组织架构和项目的整改(增加了一个委员会,理顺了协调的机制,修订SOP,方案违背的报告等)。

(3)教育和HRPP培训:＿＿＿年HRPP相关培训(说明有无颁发培训证书,以下为举例,可包含国际的培训,比如和某某国外大学的关于伦理的培训交流会议,比如请AAHRPP的工作人员来指导受试者保护方面的培训,比如国内的一些关于医学伦理和受试者保护的会议,比如医院或机构举办的各种培训会议等)。

(4)定期评估和持续改进(何时作了评估,根据评估及CFDA的检查进行改进后有相应的报告)。

4. 你们HRPP体系的审查范围是什么?

参考答案: 所有涉及人的研究,包括药物和器械的临床试验、医疗新技术、由研究者发起的临床研究等。

5. 你们的体系中关于利益冲突的定义和管理计划是怎样的?

参考答案: 利益冲突是指个人或机构的利益与其职责之间的冲突,临床研究中的利益冲突可能会危及科学研究的客观性与伦理审查的公正性,并可能危及受试者的安全。临床研究COI包括: 研究者经济利益冲突、机构经济利益冲突、其他利益冲突。举例: 主要研究者同时也是伦理委员,则在项目提交时要主动申报伦理委员会,在项目询问完成后,主动回避讨论和投票环节。

COI一般由伦理委员会和利益冲突委员会共同管理,伦理委员会负责管理研究者与委员的利益冲突; 利益冲突委员会(监察办)负责管理领导干部(院长、分管院长及相关职能部门负责人)所涉及的临床研究利益冲突以及机构利益冲突。举例: 利益冲突委员会(监察办)主要在合同签署的会签环节签署利益冲突审查意见。同时所有临床研究者与研究助手、相关管理人员以及伦理委员会委员均应接受"利益冲突政策"培训,每4年再次培训一次,出现以下情况需重新接受培训:"利益冲突政策"的重要修改; 新参加临床研究的研究者;违反"利益冲突政策"者。

6. 伦理委员会是否可以观摩知情同意过程?

参考答案: 理论上是可以观摩的,只要伦理委员事先签署保密协议。但本机构的部门分工是由药物临床试验机构办公室的质控员在随访过程中来观摩知情同意过程。(可以根据情况如实回答)

7. 如何进行数据安全监察?

参考答案:(1)所有新药和医疗器械临床试验都会建立与试验具体情况相适应的数据安全监察计划,数据安全监察的强度与试验风险和规模相当。

(2)数据安全监察由申办者承担,根据试验的规模、复杂程度以及试验风险设计安排相应强度的数据安全监察,从监查员到成立独立的数据安全监察委员会,数据安全监察的结果会及时报告PI。

(3)研究者在设计方案时应充分考虑药物的合理剂量、受试者退出标准,高风险项目要制订紧急医学事件的处理应急预案。实施过程中要如实记录和追踪不良事件。要给受试者提供紧急情况的联系方式。

举例: 国际多中心研究大部分都设置了数据安全监察委员会,并事先规定审查的频率(如试验中期或纳入多少例患者),确定多少比例的严重不良事件或涉及受试者和他人风险的非预期问题是可以接受的。数据监察报告一旦完成,要求及时递交伦理委员会。

8. SAE/SUSAR的定义和报告时间?

参考答案:(1)SAE(serious adverse event,严重不良事件): 临床试验过程中发生需住院治疗、延长住院时间、伤残、影响工作能力、危及生命或死亡、导致先天畸形等事件。我机构报道较多的是住院治疗的SAE。伦理委员会规定SAE是研究者在获知24小时内报告伦理委员会和相关卫生管理部门。

(2)SUSAR(suspected unexpected serious adverse reactions,可疑且非预期严重不良反应): 非预期不良反应指不良反应的性质、程度、后果或频率,不同于先前方案或其他相关资料(如研究者手册等文件)所描述的预期风险。国内法规对非预期不良反应还没有相关要求,本机构目前只收到过国际多中心临床试验项目研究者提交的SUSAR报告。伦理委员会规定本院的致命的或危及生命的SUSAR,研究者在获知7天内报告伦理委员会,其他类别的SUSAR在15天内报告伦理委员会。外院的SUSAR 1个月内报告伦理委员会。(国际上对SUSAR的报告要求更为严格,因为SUSAR属于非预期事件,在临床研究设计时并没有考虑到这方面的事件对受试者的可能危害,也就是说在研究设计阶段没有将SUSAR纳入评估指标中进行效益/风险评估,那么在出现了SUSAR后,需要对于受试者进行再次效益/风险评估,很有可能影响临床研究的继续进行)。

9. 请问你们在何种情况下会聘请独立顾问?

参考答案: 伦理委员会可以聘请独立顾问或委任常任独立顾问。独立顾问应伦理委员会的邀请,就试验方案中的一些问题向伦理委员会提供咨询意见,但独立顾问不具有伦理审查表决权。独立顾问可以是伦理或法律方面的、特定疾病或方法学的专家,或者是特殊疾病人群、特定地区人群/族群或其他特定利益团体的代表。独立顾问需事先声明与所审的项目不存在利益冲突,保证将任何有关的利益冲突向伦理委员会报告,并且遵守伦理委员会的保密原则。

10. 申请AAHRPP项目,增加了很多工作,很多文件需要准备,对你们在保护受试者的工作方面有什么影响吗?

参考答案: 完善了HRPP相关部门,新增了利益冲突委员会、依从性监管委员会、临床研究专家委员会等,增加和修改了SOP等,这些工作让我们的受试者保护体系建设更为完善,责任和分工更为明确。

11. 你们的质量体系如何进行保证?

参考答案: 质量持续改进委员会每半年或1年一次对HRPP的整体运行情况进行评估,对发现的问题制订持续改进计划,并按照计划改进。

12. 临床研究专家委员会如何实施科学审查?

参考答案: 一般项目的科学性审查由伦理委员会完成,以下类型的项目由临床研究专家委员会进行科学性审查,具体审查范围:
(1)国内首次进行人体试验的1.1类创新药物临床研究。
(2)第三类医疗器械临床研究。
(3)首次在本研究机构进行的限制类医疗技术临床研究。

13. 外单位人员来本机构研究,如何监管？我机构人员到外研究单位进行研究,如何监管？

参考答案: 外单位人员在我机构不能做PI,我机构目前尚未出现去外机构进行研究的情况。（各机构一般会遵循各自的规定来执行监管）

第二节 指南与医院制度

14. 机构开展关于人的研究需要遵守哪些法规及国际指南？

参考答案:（1）国内

1)《涉及人的生物医学研究伦理审查办法》,2016年

2)《医疗器械临床试验质量管理规范》,2016年

3)《中华人民共和国药品管理法》,2015年

4)《药物临床试验伦理审查工作指导原则》,2010年

5)《医疗技术临床应用管理办法》,2009年

6)《药品注册管理办法》,2007年

7)《药品广告审查办法》,2007年

8)《涉及人的生物医学研究伦理审查办法（试行）》,2016年

9)《体外诊断试剂临床试验技术指导原则》,2014年

10)《医疗器械临床试验规定》,2004年

11)《药物临床试验质量管理规范》,2003年

12)《中华人民共和国药品管理法实施条例》,2016年等

（2）国际

1)《纽伦堡法典》,1949年

2)《贝尔蒙报告》,1964年

3)ICH-GCP,1996年

4)《赫尔辛基宣言》,2013年等。

15. 人类研究受试者保护体系的架构如何？

参考答案: 各研究机构根据本机构HRPP机构作答。

16. 伦理委员会承担哪些职责？您如何保证其工作的独立性？

参考答案： 按照中国《药物临床试验质量管理规范》的规定，为确保临床试验中受试者的权益，须成立独立的伦理委员会，并向国家食品药品监督管理总局备案。按照GCP的规定，伦理委员会至少应由5人组成，____是主任委员，____是副主任委员，委员信息在伦理委员会网站上都可以查询到。

伦理委员会负责对机构所有"涉及人体的研究"进行伦理审查与监管；伦理审查包括科学性与伦理性两个方面。主要职责包括：初始审查、跟踪审查、豁免审查、方案修改、方案违背、SAE审查、利益冲突审查等。没有获得伦理委员会的批准不得开展研究。对获准的研究进行过程跟踪审查，直至研究结束，包括（不限于）：修改方案、知情同意书应获得伦理委员会批准；发生严重不良事件应及时报告伦理委员会；发生违背方案与违反受试者保护的行为，应及时报告伦理委员会；对研究过程实施现场访视，观察知情同意过程；对于不符合受试者保护要求的研究，可以终止或暂停已经批准的研究；负责确定哪些项目可以免除审查；负责对研究者和伦理委员会委员的利益冲突进行管理，伦理委员会有权不批准不科学不道德的研究。

院长、分管院长以及所有职能管理部门都不得干涉伦理委员会对项目的独立审查，伦理审查也不受任何研究者和申办者的影响。（把GCP法规对于独立性的解释写出来，然后再举例）

17. 你们机构的科学审查由哪个委员会负责？一般在什么情况下需要进行独立的科学审查？审查范围包括哪些？

参考答案： 一般项目的科学性审查由伦理委员会完成，本机构设置了临床研究专家委员会（履行科学审查委员会职责）对以下项目进行科学性审查，具体审查范围：

（1）国内首次进行人体试验的1类创新药物临床研究。

（2）第三类医疗器械临床研究。

（3）首次在我院进行的限制类医疗新技术项目。

详细审查范围包括如下：

1）涉及重大伦理问题，安全性、有效性尚需经规范的临床试验研究进一步验证的医疗技术：克隆治疗技术、自体干细胞和免疫细胞治疗技术、基因治疗技术、异基因干细胞移植技术、瘤苗治疗技术等。

2）涉及重大伦理问题，安全性、有效性确切的医疗技术：同种器官移植技术、变性手术等。

3）风险性高,安全性、有效性尚需验证或者安全性、有效性确切的医疗技术:利用粒子发生装置等大型仪器设备实施毁损式治疗技术,放射性粒子植入治疗技术,肿瘤热疗治疗技术,肿瘤冷冻治疗技术,组织、细胞移植技术,人工心脏植入技术,人工智能辅助诊断治疗技术等。

4）其他需要特殊管理的医疗技术:基因芯片诊断和治疗技术、断骨增高手术治疗技术、异种器官移植技术等。

5）其他伦理委员会认为需要进行科学审查的项目。

18. 你们如何管理研究中的利益冲突?

参考答案: 临床研究中的利益冲突可能会危及科学研究的客观性与伦理审查的公正性,并可能危及受试者的安全。利益冲突管理适用于各级各类研究,不会因为研究资助来源而异。

(1)伦理委员会负责管理研究者与委员的利益冲突。

(2)领导干部(院长、分管院长及相关职能部门负责人)所涉及的与研究有关的利益冲突以及机构利益冲突接受监察办(利益冲突委员会)的监督管理。

(3)伦理委员会每次会议审查之前,要求PI和伦理委员会委员主动进行利益冲突的说明和申报。(关于利益冲突制度的完善可在第二阶段递交材料后完成改进)

19. 一般存在什么样的利益冲突关系?

参考答案:(1)研究者利益冲突

1)双重身份(比如既是伦理委员会委员,又是PI)或有高级身份(如导师招募了自己的研究生作为受试者)。

2)本人及其直系亲属从药物/医疗临床试验的申办公司获得顾问费、专家咨询费、礼品及宴请招待费用(根据研究协议,从医院计财处列支的参加研究的劳务费除外)。

3)本人及其直系亲属(子女及子女的配偶)拥有研究相关的所有权,包括但不限于专利、商标、版权或转让协议。

(2)研究机构利益冲突

1)机构拥有研究相关所有权,包括不限于专利、商标、版权或转让协议。

2)涉及领导干部及其直系亲属的经济利益冲突。

(3)其他利益冲突

1)研究人员承担多种工作职责,没有足够时间和精力参加临床研究,影响其履行关心受试者的义务。

2)伦理委员会委员/独立顾问为所审查/咨询项目的研究者。

经济利益是指:可能对研究造成重大影响或可能从研究成果显著受益的经济利益,如担任公司高级职务,拥有申办公司股权超过5%。

20. 您向伦理委员会报告利益冲突吗?什么情况下报?多长时间报?

参考答案: 需要报告。例如:①____教授作为Ⅰ期项目的研究者需要在伦理委员会报告并回避投票;②____老师的医疗器械临床试验项目,其丈夫____在伦理委员投票环节回避。

报告情况如下:

(1)在新项目申请伦理审查前参与研究设计、实施以及研究结果分析的研究人员(包括本人及配偶、子女及其配偶)应评估与研究项目是否存在利益冲突,若有,须向伦理委员会声明。

(2)研究过程中出现新的利益冲突,应在30天内报告伦理委员会。

(3)研究过程中还应定期向伦理委员会报告利益冲突情况。

21. 机构的利益冲突如何处理?

参考答案: 机构利益冲突分为两种:

(1)医院拥有研究相关所有权,包括不限于专利、商标、版权或转让协议。

(2)涉及领导干部(院长、分管院长、相关职能部门负责人)及其直系亲属的经济利益冲突。

如何处理:

(1)院长和分管院长、相关职能部门负责人定期向纪委监察办进行财产等重要事项申报;监察办会将可能与研究有关的利益冲突及时与伦理委员会沟通。

(2)临床试验和研究办公室每年会把相关专利、成果转让等信息与伦理委员会沟通。

(3)伦理委员会审查到相关项目时,会专门就利益冲突问题进行讨论。

22. 伦理委员会如何审查利益冲突?

参考答案:(1)要求研究者主动公布。

(2)对利益冲突申明进行审核。

（3）和监察办一起进行评估。

（4）如发现利益冲突未申报,公开予以批评甚至停止研究者资格。

23. 您有被要求进行利益冲突培训吗? 什么情况下?

参考答案:（1）所有涉及临床研究的参与人员在接受GCP培训时均应接受"利益冲突政策"培训。

（2）每4年再次培训一次(注: 我院在____年进行了第一轮利益冲突政策培训)。

（3）出现以下情况需重新接受培训:"利益冲突政策"的重要修改; 新参加临床研究的研究者; 违反"利益冲突政策"者。

24. 你们医院怎样开展受试者保护培训,培训内容有哪些? 哪个部门负责组织培训?

参考答案: HRPP培训内容主要包括4个方面:

（1）GCP法规(如《中华人民共和国药品管理法》《中华人民共和国药品管理法实施条例》《中华人民共和国药品注册管理办法》,以及《药物临床试验质量管理规范》,简称GCP)。

（2）伦理相关规范(包括《赫尔辛基宣言》等国际规范)。

（3）临床试验技术指导原则: 如《药物临床试验伦理审查工作指导原则》。

（4）医院相关制度和SOP(标准操作规程): 如利益冲突的SOP。

临床试验和研究办公室负责培训; 要求每三年进行GCP再培训。

比如:____年HRPP相关培训(有无颁发培训证书,以下为举例,可包含国际的培训,比如和某某国外大学的关于伦理的培训交流会议,比如请AAHRPP的工作人员来指导受试者保护方面的培训,比如国内的一些关于医学伦理和受试者保护的会议,比如医院或机构举办的各种培训会议、AAHRPP的动员会等),具体有什么相关的培训会议都可回答,各种层面的相关培训都可以作为参考答案。

25. 请问您在整个架构体系中的职责,你们如何开展受试者教育与培训,受试者有意见到哪里投诉?

参考答案:（1）关于每个人的职责一定要清楚。

（2）机构办与临床研究者负责受试者教育与培训。机构制作发放《临床试验受试者须知》，使受试者了解临床试验相关知识及其权益等。研究者在研究过程中向受试者做好与研究相关知识的教育与培训。

（3）伦理委员会负责接待受试者的抱怨与投诉，特别是有关受试者权益的问题，伦理办电话印刷在知情同意书上以及《临床试验受试者须知》上。

26. 如果出现违背受试者保护规定的情况，你们如何处理？

参考答案:（1）对于研究中发生违背受试者保护要求以及不报告利益冲突的情况，任何人员均有权报告伦理委员会或职能管理部门，各职能部门有权对相关人员给予相应的限制或处罚。

（2）任何影响伦理委员会独立审查以及影响实施受试者保护职责的行为，都可以向分管HRPP的副院长报告，以采取相应措施。

27. 如果您有关于改进受试者保护工作的建议，向哪里反映？

参考答案:（1）任何人员均可以向相关职能部门提出有关改进受试者保护的建议（向哪些部门汇报可以举例）。

（2）也可以向质量持续改进委员会报告，委员会再向主管副院长报告（指导质量持续改进委员会的负责人和主管副院长是哪位）。

28. 你们医院的HRPP是如何定期评估，并持续改进的？你们开过HRPP中期评估会议吗？

参考答案: 分管副院长是HRPP的质量总负责人。

（1）其质控分为两个层面：质量总负责人召集的HRPP质量定期评估；有关部门的定期自评。分管院长负责主持HRPP体系的评估，临床试验和研究办公室负责组织，汇总各相关部门的质控信息，明确存在问题，指出需改进处，加以持续改进。

（2）各相关部门的定期自评

1）临床试验和研究办公室、医务部、监察办、伦理委员会、机构办、专业科室制订工作计划，年底进行评估及培训改进计划。

2）机构办对研究的质量分开始前、过程中及结束后对试验项目进行质控。

评估举例：（1）___年___月___日有一次全院临床试验项目质量的评估反馈：临床试验2013年年度工作总结。

（2）___年___月___日全院的HRPP体系进行了一次年度评估。

29. 你们医院的整体HRPP质控的目标与指标是哪些?

参考答案:(1)目标

1)遵照执行国内相关法规、国际指南,遵照执行医院HRPP制度及程序,遵照执行研究方案。

2)通过持续质量改进提高受试者保护体系的质量和效率。

(2)指标

1)药监主管部门进行临床试验项目核查的通过率(目前为100%)。

2)伦理委员会从项目受理(伦理资料递交函签字的时间)到项目审查(拿到首次批件的时间)的时间,比如:2013年平均审查时间为22个工作日,2014年平均审查时间为15个工作日(怎样提高效率有实际数据)。

3)伦理委员会一年中接受受试者投诉的次数(比如:2014年接到2次)。

30. 在受试者保护体系中的岗位设置和职责是什么?

参考答案: 临床试验和研究办公室(教育培训、合同与基金、生物安全)、监察办(利益冲突)、医务部(医疗新技术、质量持续改进)、临床研究专家委员会(科学性审查、依从性审查)、伦理委员会(伦理审查、数据安全监察)、药物临床试验机构办(合同、质量控制、方案违背、依从性审查)、研究者(设计执行方案、依从法规制度方案)。

31. 您是否拥有充足的资源来履行您的职责?

参考答案: 管理部门:办公场地、办公设施、专职人员、经费预算均充足。
研究者:

1)是否是高级职称。

2)是否有GCP培训经历。

3)是否有临床试验经历。

4)是否有稳定的研究方向和团队。

5)是否可以应用科室的资源。

32. 您对伦理委员会持什么态度?您觉得太保守了还是有利于研究的开展?

参考答案: 伦理委员会(IRB)是HRPP体系的重要组成部分,对保护受试者的权益发挥重要的作用。对受试者有足够的保护是开展临床研究的最基本要求,我院伦理委员会对受试者保护机制制定了完善的审查体系,对受试者研究作出了很大的贡献,有助于研究的开展。

举例:(1)伦理委员会对＿＿＿教授承担的项目"前瞻性、多中心、开放临床研究评价米卡芬净钠对侵袭性念珠菌病及念珠菌血症的有效性及安全性"提出方案修改,入选标准由原方案1.4版18~75岁的住院患者,修改为年龄≥18岁的住院患者,由于没有年龄上限,年龄大的受试者易出现紧急医学不良事件,伦理委员会要求研究者提供:受试者出现紧急医学不良事件应急预案。

(2)Ⅰ期＿＿＿老师-注射用重组人白介素-11连续多次给药药动学及抗体生成研究,伦理委员会意见:补充心肌酶学检查作为安全性指标。

33. 贵科室有无研究项目的科学审查?

参考答案: 按照医院规定: 一般项目的科学审查由伦理委员会完成, 临床研究专家委员会(履行科学审查小组职责)对高风险项目进行科学性审查, 具体:国内首次进行人体试验的1类创新药物临床研究、第三类医疗器械临床研究、第三类医疗技术临床研究。

(1)临床试验项目: 按中国的法规, 方案由申办者提供, 我院主要研究者与申办者共同讨论制订临床试验方案、知情同意书、CRF及相关文件, 或参加讨论认可试验方案; 必要时, 机构办公室召集"临床专家委员会"邀请相关专家讨论完善试验方案。

(2)医疗新技术: 科主任进行科学审核把关, 医务部组织临床专家委员会审核把关。

34. 您是否有信息需要我们传达给医院管理层? 或者,关于受试者体系/伦理委员会/临床试验和研究办公室/医务处等,您有什么意见或建议?

参考答案: 增加国际临床研究专家的培训内容; 启用信息化系统加速临床研究。

第二章

针对主要研究者/PI的问题

1. 风险的种类与等级如何界定?

参考答案:(1)风险种类

1)身体伤害: 医学试验通常包括轻微疼痛、不适,或侵入性医学方法的损伤,或药物副作用的伤害,这些伤害大部分是一次性的,新药或新治疗方法的试验可能造成较大的风险,或引起严重的损伤或致残。

2)心理伤害: 侵犯隐私或违反保密原则造成的心理伤害,比如个人对敏感问题(如性偏好)的行为和态度引起受试者的反感、内疚、尴尬等。

3)社会伤害: 侵犯隐私和违反保密原则可造成受试者在其家庭或社会群体中难堪,甚至失业,比如参加HIV相关药物可以对受试者的就业产生不良影响。

4)经济伤害: 参与试验可导致受试者额外的花费。

(2)风险等级

1)最小风险: 试验预期伤害或不适的可能性和程度不大于日常生活或者进行常规体格检查和心理测试时所遇到的风险。如: ①不超过日常生活风险的研究(如抽血、体检、常规心理测试); ②关于行为或营养状况的观察性研究; ③不涉及敏感问题的问卷调查。

2)低风险: 试验风险稍大于最小风险; 发生可逆性的、轻度不良事件(如活动引起的肌肉/关节疼痛或扭伤)的可能性增加。如: 药品上市后研究——Ⅳ药物试验。

3)中等度风险: 试验风险大于低风险,但概率不是非常高; 发生可逆性的、中度不良事件(如低血糖反应、支气管痉挛或感染)的可能性增加,但有充分的监督和保护措施使得其后果最小; 严重伤害的可能性非常小,几乎没有。如: ①涉及弱势群体的低风险试验; ②有人体安全性数据的药物Ⅰ期或Ⅱ期临床试验。

4)高风险: 试验风险大于中等度风险; 发生严重而持续的、与试验相关不良事件的可能性增加；或者关于不良事件的性质或者可能性有很大的不确定性。如：①创新药试验，在人体几乎没有或完全没有毒性数据的；②基因治疗、细胞治疗；③治疗可能致死性疾病的临床试验（或不可逆后果）；④Ⅲ期多中心对照临床试验。

2. 最小风险的定义是？如何评估？

参考答案：最小风险是指试验预期伤害或不适的可能性和程度不大于日常生活或者进行常规体格检查和心理测试时所遇到的风险。如：不涉及危险性程序的非干预措施研究，少量抽血、营养评估、行为学调查等；不使用镇静剂的影像学检查（X线和微波检查除外）；试验标本的二次利用等。

举例：（1）检验科利用剩余标本进行体外诊断试剂盒研究。

（2）＿＿＿教授拟开展的多中心、回顾性临床研究。

3. 隐私与保密的区别是什么？

参考答案：（1）隐私：是指不愿告人或不愿公开的个人的私事，隐私又称个人生活私密或私生活秘密。隐私是一种与公共利益、群体利益无关的，当事人不愿他人知道或他人不便干预的个人私事和当事人不愿他人侵入或他人不便侵入的个人领域。

（2）保密：保护私密不被泄露，也指遵守研究者与受试者达成的协议，即如何对受试者可识别身份的个人信息进行处理、管理与公开。

4. 知情同意的程序是什么？如何正确开展知情同意？

参考答案：知情同意程序如下：

（1）在专门的房间进行充分的知情告知。

（2）向愿意参加临床试验的受试者提供伦理委员会（IRB）批准的最新版知情同意书。

（3）向受试者告知如下信息

1）试验目的、应遵循的试验步骤（包括所有侵入性操作）、试验期限。

2）预期的受试者的风险和不便。

3）预期的受益，当受试者没有直接受益时，应告知受试者。

4）受试者可获得的备选治疗，以及备选治疗重要的潜在风险和受益。

5）受试者参加试验是否获得报酬。

6）受试者参加试验是否需要承担费用。

7）能识别受试者身份的有关记录的保密程度,并说明必要时,试验项目的申办者、伦理委员会、政府管理部门按规定可以查阅受试者资料。

8）如发生与试验相关的损害时,受试者可以获得的治疗及相应的补偿。

9）说明参加试验是自愿的,可以拒绝参加或有权在试验任何阶段随时退出试验而不会遭到歧视或报复,其医疗与权益不会受到影响。

10）当存在有关试验和受试者权利的问题,以及发生试验伤害时,有联系人及联系方式。

11）必要时,还应告知受试者作出是否参加研究的决定可能想了解的其他信息。

12）告知受试者应使用通俗易懂的语言,以便受试者理解。

13）给予受试者足够时间和机会询问试验的细节及其他任何问题,必要时让受试者把知情告知信息带回家跟家人、朋友商量。

14）无行为能力的受试者,应同时向其法定代理人告知试验信息。

（4）告知信息的理解确认

1）确认受试者理解了被告知的信息。

2）必要时,采用问卷测试或提问的方式确认受试者理解试验信息(有无开展可举例)。

（5）签署知情同意书

1）确认受试者自愿参加后,由受试者本人在知情同意书上签字并注明日期。

2）对于无行为能力的受试者,由其法定代理人在知情同意书上签字并注明日期,如果受试者有一定理解能力(如10周岁以上儿童),应同时获得受试者的赞同(不同的临床研究有不同的规定,一般还需要研究者考虑告知患儿本人会否引起患儿对疾病的恐惧心理来判断是否需要告知患儿本人)。

3）在紧急情况下,无法取得本人及其法定代理人的知情同意,如果目前缺乏已被证实有效的治疗方法,而试验药物有望挽救生命,可考虑入选,但需要在试验方案和有关文件中清楚说明接受这些受试者的方法,并事先确定伦理委员会同意,这点会非常谨慎使用(我机构不提倡"紧急使用",也无类似案例)。

4）执行知情同意过程的研究者在知情同意书上签署姓名和日期。

5）受试者签署知情同意书后方可进行筛选过程。

6）签署知情同意书一式两份,一份交受试者保存,一份跟随试验资料保存。

（6）重新知情同意:试验过程中修改知情同意书,应重新获得受试者(法

定代理人)的知情同意,包括/不限于如下情况:

1)发现涉及试验药物的新安全性信息(比如SUSAR的多次发生)。

2)试验程序的变化。

3)对照药的撤市或疗效、安全性问题。

4)认知障碍受试者失去或获得知情同意能力。

(7)知情同意签署要求

1)由受试者或其法定代理人在知情同意书上签字并注明日期。

2)执行知情同意过程的研究者也需要在知情同意书上用正楷字签署姓名和日期,并留下可联系的电话号码(保证随时可找到研究者或协助研究者)。

3)受试者或其法定代理人签字日期需和研究者签字为同一天。

4)已签完知情同意书一式两份,一份提供给受试者或其法定代理人保留,另一份由研究者交由试验机构存档。

5. 快速审查和免除审查的分类是什么?如何使用?

参考答案:(1)快速审查是由伦理委员会指派两位委员负责审查的方式,审查结果于会议中通报。适用于:①对伦理委员会已批准的临床试验方案的较小修正,不影响试验的风险受益比;②尚未纳入受试者,或已完成干预措施的试验项目的年度/定期跟踪审查;③预期的严重不良事件审查。但快速审查不适用于涉及弱势群体研究。

(2)免除审查(豁免审查)是指免于伦理审查,但是不等于免于受试者保护,适用于伦理委员会规定的最小风险的项目,比如:对于既往存档的病历的研究,已采取的标本若无联系受试者的方式(直接联系或通过标识识别)也可以免除伦理委员会的审查。

6. 免除知情同意与免除知情同意的签字的区别是什么?

参考答案: 免除知情同意又被称为知情同意豁免,包括以下一些情况:

(1)一些体外诊断试剂的临床研究。

(2)研究者采用了既往研究的数据,且受试者的可识别个人信息已经屏蔽。

(3)紧急临床研究时,当受试者患有危及生命的疾病自身无法提供知情同意(如意识丧失),而其法定代理人也无法及时联系到的情况下,可以先给予治疗。

知情同意书豁免:以上(1)、(2)类即可豁免签署知情同意书。

7.《赫尔辛基宣言》发布的时间是?

参考答案:《赫尔辛基宣言》是世界医学会发布的涉及人类受试者的医学研究伦理原则,1964年世界医学大会发布了第一版,最新版为2013年10月(巴西福塔雷萨)发布。

8. 什么样的研究是符合伦理的研究?

参考答案: 同时符合科学原则与伦理准则的研究是符合伦理的研究。具体包括:

(1)设计合理,具有可行性。

(2)采取风险控制管理措施。

(3)风险获益合理。

(4)受试者的选择公平公正。

(5)知情同意书告知充分。

(6)保护隐私和保密。

9. 在研究中如何保护受试者?

参考答案:(1)伦理委员会和知情同意书是保护受试者的主要手段。

(2)研究获得伦理委员会审查批准后实施。

(3)做好知情同意,获得知情同意后方可开展研究。

(4)修改方案、研究进展报告、SAE/SUSAR/涉及受试者和他人风险的非预期问题、违背方案报告、结题小结等均需向伦理委员会报备。

(5)在自己熟知受试者保护的原则和措施外,在每次研究启动会上对研究团队所有成员进行培训,让其他人员也熟知受试者保护的原则和具体措施。

(6)每个月都会对在研项目进行审查,发现问题及时处理和整改。

10. 在开展人体研究中研究者主要的职责是什么?

参考答案: 设计研究方案,组织实施研究,监测研究实施,关注安全性数据(及时处理相关科学伦理问题),撰写总结报告等。

11. 研究者需要接受哪些有关人体研究的培训?

参考答案: HRPP培训内容主要包括4个方面:

(1)GCP相关法规(如《中华人民共和国药品管理法》《中华人民共和国药品管理法实施条例》《中华人民共和国药品注册管理办法》,以及《药物临床试验质量管理规范》,简称GCP)。

(2)伦理相关规范(包括《赫尔辛基宣言》等国际规范)。

(3)临床试验技术指导原则:如《药物临床试验伦理审查工作指导原则》。

(4)医院相关制度和SOP(标准操作规程):如利益冲突的SOP。

临床试验和研究办公室负责培训;要求每三年进行GCP再培训。

12. 研究经费的来源是?

参考答案: 有,来自企业或政府经费。

13. 如何看待保护研究受试者?

参考答案:(1)医学的进步是以研究为基础的,这些研究在一定程度上最终有赖于以人作为受试者的试验。在人体医学研究中,对受试者健康的考虑应优先于科学和社会的兴趣。

(2)医学研究应遵从伦理标准,对所有的人加以尊重并保护他们的健康和权益。有些受试人群是弱势群体需加以特别保护。必须认清经济和医疗上处于不利地位的人的特殊需要。要特别关注那些不能作出知情同意或拒绝知情同意的受试者、可能在胁迫下才作出知情同意的受试者、从研究中本人得不到受益的受试者及同时接受治疗的受试者。

(3)保护好受试者才有助于获得受试者信任和社会的支持,获得真实的数据以便更好地开展研究。

(4)在医学研究中,保护受试者的生命和健康,维护他们的隐私和尊严是医生的职责。

14. 应该向哪些机构询问或求助有关法规与伦理的问题?

参考答案:(1)法规问题:临床试验和研究办公室、医务处、机构、医院法律顾问、上级主管部门。

（2）伦理问题: 伦理委员会。

（3）查询书面制度规范,网上检索制度规范(网站网址举例)。

15. 如何监管自己的研究,以及如何进行有关研究的沟通交流,比如,周会?

参考答案:(1)PI保证充足的时间和条件,确保具有足够的硬件和软件设施和专业的人员团队。在方案启动会上充分培训交流,在科室周会上也会讨论有关问题。

（2）医院具有专门的监查部门,意见反馈到研究者,PI会组织进行改进。

（3）申办者配备专门的监查员,意见反馈到研究者,PI会组织进行改进。

（4）机构具有专门的专业质控部门,意见反馈到研究者,PI会组织进行改进。

16. 谁负责准备伦理审查材料,与伦理委员会沟通?

参考答案: 辅助研究者或药物试验专业秘书准备。如: PI____的辅助研究者是____。

17. 研究相关法规文件是否存档? 存在哪里?

参考答案: 伦理委员会将国内外的相关法律法规汇总,并编写了临床试验培训教材,存在档案室,开展培训时发放给研究者。

18. 是否需要为研究设计CRF/数据采集工具?

参考答案: 自己牵头的项目是我们设计CRF(如Ⅰ期),参与的项目会对CRF提建议。

19. 研究资料存放在哪里?

参考答案: 研究过程中存放在各专业的临床试验资料柜中,试验结束后递交到国家药物临床试验机构资料室存档。

20. 能否举一例具体的研究项目?

参考答案: 接受访谈的研究者(不含Ⅰ期)项目有: 举例。(一般在面谈的时

候已经确定有哪些研究者会被要求面谈,每个研究者对自己的项目需要熟知,并且能够讲述在自己的项目中如何进行受试者保护）

21. 谈谈自己的研究项目?

参考答案: 介绍您的研究。

22. 所在部门事先是否有科学审查程序?

参考答案: 按照医院研究机构规定: 一般项目的科学审查由伦理委员会完成,临床研究专家委员会(履行科学审查小组职责)对高风险项目进行科学性审查,具体: 国内首次进行人体试验的1类创新药物临床研究、第三类医疗器械临床研究、限制类医疗技术临床研究。

（1）临床试验项目: 按照中国GCP,研究方案由申办者提供,我院机构主要研究者与申办者共同讨论制订临床试验方案、知情同意书、CRF及相关文件,或参加讨论认可试验方案; 必要时,机构办公室召集"临床专家委员会"(临床专家委员会有哪些人,他们审核过什么项目)邀请相关专家讨论完善试验方案。

（2）医疗新技术: 医务部组织临床专家委员会审查科学性。

23. 有哪些措施确保受试者满足纳入/排除标准? 确保研究程序按照制定的SOP进行?

参考答案:(1)试验启动会,对研究方案进行培训。
（2）临床研究过程中的质控,发现问题,及时改进。
（3）出现方案违背,及时报告伦理委员会和机构办公室。

24. 有哪些措施保护研究受试者的数据机密性?

参考答案:(1)谈知情同意的场所,为私密的环境。
（2）所有受试者的资料在带锁的资料柜保管。
（3）给申办者的文件、CRF表上都用代码表示受试者。
（4）外来人员资料查阅必须经过授权,严禁复印。
（5）外网系统和内网系统均严格授权。

25. 如何审阅研究数据?

参考答案:(1)中国GCP中规定:申办者应建立对临床试验的质量控制和质量保证系统。申办者会派监查员来协助研究者审阅研究数据。

(2)机构办质控员定期来专业科室查阅数据,当时就有沟通和反馈。

(3)每月质控月报由机构办公室主任发到PI的邮箱,便于追踪反馈。

26. 所在单位是否有数据安全监察委员会(DSMB)?

参考答案: 我机构涉及人的临床试验都是注册药物或器械临床试验或者医疗新技术,没有常规设立数据安全监察委员会(DSMB),如由研究者发起的临床研究,怎样设置自己的DSMB可以具体回答。

(1)在注册临床试验的方案中,都有一段专门的文字是描述数据安全监察的。

(2)在大多数国际多中心研究中,也是有数据安全监察委员会(DSMB)的,伦理委员会(IRB)会要求项目研究者收到DSMB的报告后提交给伦理委员会(IRB)。

(3)在部分高风险项目(如首次人体的Ⅰ期临床试验项目)中,伦理委员会(IRB)也会要求研究者提交前期的安全性资料。

27. Ⅰ期研究有DSMB吗?

参考答案: Ⅰ期目前还没有DSMB,阶段性数据由研究团队、申办者组织相关专家参与进行分析后进入下一阶段,伦理委员会将会对风险高的项目,特别是风险大、毒性较大的试验(如1.1类新药试验)要求申办者设立DSMB。

28. 试验用药有紧急使用吗?

参考答案: 鉴于国内状况,我们机构不鼓励试验用药的紧急使用。

29. 试验受试者如何确定? 如何招募受试者?

参考答案:(1)如何招募:门诊、住院患者,历年来积累的病例库,其他医生推荐,张贴招募广告。

(2)如何确定:受试者的招募要符合公平与代表性原则,其含义如下:

1）公平：研究的风险与负担应该在受试者群体中公平分担；另一个方面，任何人群都不应被剥夺其参与研究而获得研究利益的权利。

2）代表性：代表性是指研究人群应该包括男性、女性、少数民族和各年龄参加者，使其与目标疾病的人群分布比例保持一致。这样研究的发现可以使患有此研究疾病风险的所有人受益。

30. 如何筛选受试者以确定受试者是否符合研究纳入标准？谁负责筛选？

参考答案： 主诊医生或主管医生是首先接触受试者的医务人员，简单介绍项目情况后，如患者表示同意，则推荐给具体负责研究的研究者，由研究者完成知情同意等过程。

31. 谁负责向受试者介绍研究信息？

参考答案： 主要研究者授权辅助研究者和其他研究者。

32. 知情同意过程在哪里开展？在什么状况下？

参考答案： 研究者在病房的受试者接待室向他们告知研究信息，这个房间是专门用于接待受试者的，没有别人在场。如门诊有愿意参加研究的受试者，研究者会带受试者去病房的受试者接待室知情，偶尔特殊情况必须在门诊开展，会在独立的诊室知情，不受他人干扰。

33. 在讨论研究项目前，给受试者告知信息去阅读吗？是当面给，还是邮寄给他们？

参考答案： 我们开展的研究基本上是当面给受试者一份告知信息进行阅读，同时向他们介绍研究，包括：研究目的、程序、风险、不良反应、受益、试验相关损害补偿等等，碰到不理解的，向他们解释，回答他们的疑问，直到他们理解；然后给予充分时间让他们思考，如有必要，还会让他们带回家再考虑，考虑成熟了再回来和我们签署知情同意书。

34. 告知研究信息和实际签署知情同意书之间的间隔是多少？

参考答案： 所有研究都会给受试者充分时间思考决定后再签署知情同意

书。部分研究是当时签署,部分研究会让受试者带回家考虑,然后回来签署,间隔时间根据具体研究回答。

35. 谁负责解答受试者或受试者家人提出的问题?

参考答案: 主要研究者本人与辅助研究者。

36. 如何确定受试者真正理解研究,特别是风险?

参考答案: 口头问受试者对知情同意书内容的了解。(问答式,可以举例)

37. PI通常向受试者告知研究信息吗?

参考答案: 一般是由辅助研究者负责;有时PI也会进行知情告知。

38. 应当授权谁负责签署知情同意书?

参考答案: 研究团队的研究医生(执业医师)。

39. 除了签署知情同意书,介绍下用于记录知情同意过程的其他方法?

参考答案: 绝大多数都是受试者签字,或法定代理人签字。除此以外,碰到文盲或上肢残疾的,可以让独立的见证人见证知情同意过程,并签字证明;证明我们告知了研究信息,证明受试者理解了研究信息,并证明其同意参加研究。受试者本人再摁个手印。

如果是住院患者,会在住院病历中记录知情过程。

40. 研究中有哪些机制来保护研究受试者?

参考答案: 伦理委员会、国家药物临床试验机构、依从性监管委员会、利益冲突委员会等HRPP涉及的个人和部门。

41. 是否开展过涉及囚犯的研究?在这方面接受过怎样的培训?

参考答案: 我们从未开展过涉及囚犯的研究,目前只有美国DHHS对涉及囚犯的研究提出需要特别保护,因犯属于弱势群体,如果将来涉及,我们会参照学习DHHS的规定和AAHRPP的Tip Sheet 18开展审查。

42. 请说明如何报告SAE?

参考答案: 研究者在获知受试者发生SAE时,需按照医疗常规处理方式及时进行处理以保证受试者安全,并在24小时内向药物临床试验机构、伦理委员会、申办者、省级食品药品监督管理局、国家食品药品监督管理总局和中华人民共和国国家卫生和计划生育委员会等相关部门报告。

43. 如果研究出了问题,多长时间报告?

参考答案: 根据具体发生的问题决定何时报告,比如:

(1)SAE/SUSAR/涉及受试者和他人风险的非预期问题:24小时内填写SAE报告表递交相关部门,包括国家药物临床试验机构、伦理委员会、申办者、省级食品药品监督管理局、国家食品药品监督管理总局和中华人民共和国国家卫生和计划生育委员会,SUSAR和涉及受试者和他人风险的非预期问题的填写格式参照SAE报告模板。

(2)为避免研究对受试者的即刻危险而事先修改了方案,于1周内报告伦理委员会审查。

(3)致命的或危及生命的SUSAR应该在7天内报告给食品药品监督管理局,其他类别的SUSAR应该在15天内报告食品药品监督管理局。

(4)当研究过程中出现任何可能显著影响研究进行或增加受试者风险的情况时,应在获知信息后1周内报告伦理委员会。

(5)严重违背方案或持续违背方案,应在事件发生或获知1周内报告伦理委员会;可能不会对受试者的权益、安全或健康造成影响,或不影响试验数据的完整性、准确性或可靠性的不依从/违背方案情况,可以在跟踪审查申请时一并报告。

(6)暂停/终止研究报告,事件发生或接到申办者通知后1周内报告伦理委员会。

44. 如何处理研究中的一些问题,比如研究数据或研究记录的丢失?

参考答案: 主要涉及是数据保密与数据备份的问题。

(1)研究方案制订时,研究者就应该评估研究数据保密的要求,采取相应保密措施,比如开展同性恋等敏感人群的研究时,应制订数据遗失的应急处理预案。

（2）研究者应该妥善保管研究数据和研究记录,装有研究数据和研究记录的文件不得放在私人电脑上,必须储存在医院的研究项目公共电脑上,链接医院服务器,服务器定期备份。

（3）研究数据库应该设置密码,给予相关人员授权。

（4）一旦丢失,立即采取补救措施,启用应急预案,尽可能降低可能的不良后果。

（5）报告伦理委员会与相关管理部门。

（6）必要时还需要告诉受试者。

45. 如果收到受试者投诉,自己不能解决的话该怎么办?

参考答案: 诚恳向受试者询问意见及投诉原因并及时改进工作,告知其可以与伦理委员会联系。

46. 如果研究团队成员存在利益冲突,怎么办? 如何知道? 谁来负责获得患者的知情同意?

参考答案: 如果研究团队成员有利益冲突,可以让他不参加该项研究。

如何知道:

（1）医院会组织相关培训,研究团队了解利益冲突的政策和管理。

（2）我在组建项目团队时会询问主要的研究人员是否存在与项目相关的利益冲突,并告诉他们,一旦出现立即主动申报。

（3）利益冲突委员会定期评估利益冲突。

除了存在利益冲突的其他研究者都可以负责获得受试者的知情同意。

47. 谈谈所在医院的伦理委员会是做什么的?

参考答案: 伦理委员会负责对医院所有"涉及人体的研究"进行伦理审查,伦理审查包括科学性与伦理性两个方面。旨在保证受试者尊严、安全和权益,促进药物临床试验科学、健康地发展,增强公众对药物临床试验的信任和支持。

没有获得伦理委员会的批准不得开展研究。对获准的研究过程进行跟踪审查,直至研究结束,包括(不限于): 修改方案、知情同意书应获得伦理委员会批准; 发生严重不良事件应及时报告伦理委员会; 发生违背方案与违反受试者保护的行为,应及时报告伦理委员会;对研究过程实施现场访视,观察知情同意过程;对于不符合受试者保护要求的研究,可以终止或暂停已经批准的研究;负责确定哪些项目可以免除审查;负责对研究者和伦理委员会委员的利益冲突进行管理,伦理委员会有权不批准不科学不道德的研究。

48. 所在科室是否有人参加了伦理委员会(IRB)?

参考答案: 某某科有教授担任了伦理委员会委员,但不在科室任行政职务。

49. 有没有什么信息需要我们传达给医院领导?

参考答案: 据实回答。

50. 伦理委员会在研究机构的名声如何?

参考答案: 伦理委员会是本研究机构人类研究受试者保护体系的重要组成部分,医院在接受国家卫生和计划生育委员会和国家食品药品监督管理总局的多次检查中,伦理委员会的工作被认为是医院工作的亮点。

51. 大家对从项目送审到收到伦理委员会回复的时间有什么样的看法?

参考答案: 伦理委员会常规会议审查1个月1次,从送审项目到收到伦理委员会回复一般是2周左右。部分创新性的临床试验因为设计复杂,伦理争议较大,需要反复审查,导致周期延长。例如:一教授承担的一个抗肿瘤药物因为试验设计、方案修改等原因先后经历了4次会议审查和2次快速审查。

52. 谈谈自己在做研究方面的专业素养有哪些?

参考答案: 临床教育背景、承担过临床试验或临床研究的经历、发表的临床研究论文,以及接受的临床研究方面的培训等等。

53. 谈谈自己所做的研究在伦理委员会审查的时候碰到过的问题? 比如:在完成这个研究时碰到了什么问题?

参考答案: 被抽中的审查项目中每个PI都需要对自己的研究课题有充分

的了解,对于审核过程中和完成过程中碰到的具体情况可以据实举例。比如受试者招募是否公平公正,受试者是否涉及弱势群体,受试者的知情同意是否充分。

54. 是否有不同意伦理委员会决定或意见的时候? 谈谈自己在这种情况下的做法?

参考答案: 可以与伦理委员会秘书通过电话或邮件联系,必要时伦理委员会秘书会上报主任委员。

例如: 某国际多中心试验对受试者年龄无上限规定,IRB认为75岁以上的高龄患者参加该试验风险过高,要求补充相关依据。主要研究者经过与伦理委员会秘书和委员的沟通,提供了一份方案的补充说明,提出研究方案为全球统一版本,制订过程中对年龄设置进行了充分的考虑,但本中心具体实施过程中将充分注意年龄,并制订了紧急医学事件的应急预案。伦理委员会后来批准了该试验。

55. 怎样决定一个活动是否为"涉及人类受试者的研究",从而需要伦理委员会审查?

参考答案: 涉及人类受试者的研究,即符合"研究"定义并涉及"人类受试者"的相关活动。

研究: 一项系统的调查,包括研究设计、测试和评估,被设计用来获得知识或有利于知识的获得。

人类受试者: 参加一个临床试验作为试验用药品的接受者或作为对照的个人。

涉及人类受试者的研究包括:

(1)在健康受试者或者患者中,不论是物理的、化学的或者生理的,生理学、生物化学或病理学的研究过程,或者对特定介入物质的反应性研究。

(2)在较大的人群中进行的诊断、预防或者治疗措施的对照试验,设计对照试验的目的是为了在个体生物学差异的背景下,得到这些措施的明确的总体反应。

(3)用于判定在个体或者群体中,特定的预防药物或治疗措施的影响。

(4)在各种各样情形和环境中,关于人体健康相关行为的研究。

符合以上定义的研究,应递交给伦理委员会审查。

56. 谈谈自己研究的开展是否遵循了伦理委员会的要求？

参考答案: (1)研究开始前,通过伦理委员会(IRB)的批准后才能够实施。(2)研究过程中如有方案修改、方案违背、SAE等,及时递交伦理委员会审查。(3)按照伦理委员会的要求进行持续的年度/定期跟踪审查。(4)研究结束后,向IRB递交结题报告。

57. 除了中国伦理法律法规和指南以外,还有什么其他的伦理准则是要遵守的？

参考答案: 除了中国伦理法律法规和指南以外,还遵循以下国际法律法规和指南:《纽伦堡法典》《贝尔蒙报告》《赫尔辛基宣言》、ICH-GCP及其他国际公认的法规。

58. 伦理委员会有足够的资源来完成工作吗？

参考答案: 有。我们伦理委员会(IRB)委员有n人,分别具有不同的专业背景(医学、伦理、律师、社区代表),能够代表不同人群的利益。必要时可以聘请独立顾问。伦理委员会(IRB)秘书n名,均为博士学位,能够良好地组织、传达及处理伦理委员会办公室的日常工作。伦理委员会(IRB)拥有独立的办公空间和会议室,能够充分保障日常接待以及伦理委员会的日常召开。

59. 谈谈自己的研究项目有足够的资源可以顺利完成吗？

参考答案: (1)PI具备资格。(2)有GCP培训经历。(3)有临床试验经历。(4)有稳定的研究方向和团队。(5)可以充分调动科室资源。

60. 怎样确保研究成员非常熟悉研究方案并且受到了适合的人类受试者研究保护的培训？

参考答案: (1)研究团队通过人类受试者研究保护HRPP培训后才能开展研究。

（2）临床试验启动前进行培训。

（3）参加医院的其他GCP和伦理培训。

（4）研究团队定期讨论研究过程中出现的相关问题,制定相应解决措施并进行相关培训。

61. 从哪些途径可以学习到伦理委员会政策和流程?

参考答案:（1）研究机构的HRPP网站。

（2）AAHRPP知识手册等。

（3）各种形式的伦理培训。

（4）新媒体的使用,比如QQ、微信。

62. 医院对于研究者利益冲突的政策是怎样规定的? 比如: 如果在研究中涉及经济利益因而需要一个管理计划吗? 如果有这种情况,是怎样做的?

参考答案: 利益冲突是指个人的利益与其职责之间的冲突,即可能影响人履行其职责的经济或其他的利益,包括: 研究者经济利益冲突、机构经济利益冲突、其他利益冲突。如果存在利益冲突,需要报告伦理委员会。例如伦理委员本人或亲属作为研究者的项目需要申明利益冲突,并回避伦理委员会投票。

报告情况如下:

（1）在新项目申请伦理审查时,参与研究设计、实施以及研究结果分析的研究人员（包括本人、配偶、子女及其配偶）应评估与研究项目是否存在利益冲突,并主动向伦理委员会声明。

（2）研究过程中,出现新的利益冲突,应及时报告伦理委员会。

（3）研究过程中还应定期向伦理委员会报告利益冲突情况。

涉及利益冲突时:

（1）伦理委员会讨论该利益冲突的性质与严重程度,对研究及受试者的可能影响。

（2）根据利益冲突的可能影响,制定相应的利益冲突管理措施,具体如下:

1）所有存在的利益冲突,应在知情同意书中向受试者告示。

2）不允许有显著经济利益的研究人员担任主要研究者。

3）不允许有显著经济利益的研究人员直接招募受试者和获取知情同意。

4）对于屡次违反利益冲突规定的研究人员,不同意其参与研究。

5)机构经济利益冲突的管理同其他利益冲突,同时报告监察室,接受监管与处理。

6)所有存在的利益冲突,均报告临床试验和研究办公室或医务处,情节严重者报告监察室,接受相关部门的监管与检查;伦理委员会将会监督利益冲突管理计划的执行。

63. 拒绝过来自于厂家资助者的研究吗？ 如果有,为什么？

参考答案: 如有,可能的原因: 对受试者的获益明显小于风险,受试者的保护不到位,试验药物的疗效不肯定或肯定弱于现有阳性药物。例如某些Ⅳ期临床试验(不赠药,不免检查费和治疗费)、某些疗效不确定的医疗器械。

64. 如何决定是否参加申办者资助的研究？

参考答案: 研究方案科学,符合伦理原则,受试者的获益大于风险,对受试者保护到位。

65. 推荐患者入组费是否允许？ 用奖励来刺激加速入组的过程是否允许？

参考答案: 不允许。

66. 在评估研究方案的科学性设计方面应该如何考虑？

参考答案: 涉及人类受试者的每一项研究的设计和实施必须在研究方案中予以清晰的说明。包括:
（1）试验方案的设计与实施。
（2）试验的风险与受益。
（3）受试者的招募。
（4）知情同意书告知的信息。
（5）知情同意的过程。
（6）受试者的医疗和保护。
（7）隐私和保密。
（8）涉及弱势群体的试验。
（9）涉及特殊疾病人群、特定地区人群/族群的试验。
[有关于设计科学性的解释]

67. 医院里谁负责研究的科学性审查?

参考答案: 一般项目的科学性审查由伦理委员会完成,临床研究专家委员会(履行科学审查小组职责)对以下项目进行科学性审查,具体审查范围:

(1)国内首次进行人体试验的1类创新药物临床研究。

(2)第三类医疗器械临床研究。

(3)首次在本研究机构进行的限制类医疗技术临床研究,例如:某某教授的医疗新技术项目。

(4)其他临床试验和研究办公室、药物临床试验机构和伦理委员会认为需要进行科学审查的项目。

68. 在设计一个研究方案的时候,怎样考虑让受试者的危险最小化?

参考答案:(1)伦理指导原则中有:最小风险的定义。研究中,新增加的干预措施不要高于最小风险。

(2)研究设计时,研究方案必须要有充分的前期的依据(风险和疗效)。

(3)考虑人群的选择,尽量避免高风险的人群。

(4)干预措施方面,符合临床已有的常规,尽量不增加新的风险。

(5)制订风险应急预案,降低风险造成的损失,使风险最小化。

(6)参与的研究团队具有足够的经验。

(7)规范管理制度和标准操作规程。

69. 采用什么样的方法监测试验数据以保证受试者的安全?

参考答案: 研究方案中写明数据安全监察计划,多中心且风险较高的研究,还要求申办者成立数据安全监查委员会,定期收集统计受试者的安全性信息,并及时反馈给各研究中心。

对于研究者来说,一旦出现任何安全事件,及时报告伦理委员会和申办者,并采取相应措施保护受试者。研究者应及时获知其他中心的安全数据,参照其他安全数据,对受试者进行保护。

70. 什么是"涉及受试者和他人风险的非预期问题"? 怎样处理涉及受试者和他人风险的非预期问题?

参考答案: 涉及受试者和他人风险的非预期问题(unanticipated problems

involving risks to participants or others）：是指临床试验过程中发生的同时符合以下3条标准的事件：①发生是非预期的；②与研究相关的；③让受试者或他人面临新的或更大的风险。目前国内法规对涉及受试者和他人风险的非预期问题还没有相关要求，可以参照SAE流程报告。

举例：某临床试验，装有受试者信息的电脑被偷掉了。该事件为非预期事件。满足：非预期、与研究有关。

常见的涉及受试者和他人风险的非预期问题包括：

（1）与研究有关但是非预期的问题。

（2）任何可能将受试者暴露在潜在风险之下的非预期问题。

（3）任何可能将受试者之外的人群（如研究者、研究者助理、公众等）暴露在潜在风险之下的非预期问题。

（4）额外信息提示研究的风险获益发生了改变。如研究的中期分析或安全委员会提示研究的风险获益发生了改变，或者其他的类似研究发表文献提示研究的风险获益发生了改变。

（5）违反了保密条款。

（6）为了解决受试者的紧急情况，而在伦理委员会审查同意之前就对方案作了修改。

（7）伤害了受试者或者存在潜在伤害风险的方案违背（protocol violation）。

（8）申办者因为风险原因暂停试验。

处理措施：及时正确地的干预：包括：①记录；②报告；③随访；④改进措施及培训。

71．如有学生参与临床研究，如何保证学生是自愿的而非被迫的，尤其是Ⅰ期临床试验？涉及学校员工的研究呢？危重病患者呢？

参考答案：我国CFDA《药物临床试验伦理审查工作指导原则》对弱势群体的定义如下：弱势群体（vulnerable persons）为相对地（或绝对地）没有能力维护自身利益的人，通常是指那些能力或自由受到限制而无法给予同意或拒绝同意的人，包括儿童、因为精神障碍而不能给予知情同意的人等。

2013年的《赫尔辛基宣言》第8条指出：有些受试人群是弱势群体需加以特别保护。必须认清经济和医疗上处于不利地位的人的特殊需要。需特别关注那些不能作出知情同意或拒绝知情同意的受试者、可能在胁迫下才作出知情同意的受试者、从研究中本人得不到受益的受试者及同时接受治疗的受试者。

因此，凡是涉及学生、学校员工、危重患者的研究，研究者都应谨慎识别，避免他们参与。如出于科学的理由必须参与,则应给予额外的医疗保护并通过伦理委员会的审查。

72. 知情同意过程的关键步骤在哪里?

参考答案:(1)知情同意应符合完全告知、充分理解、自主选择的原则。

(2)知情同意的表述应通俗易懂,适合该受试者群体理解的水平。

(3)对如何获得知情同意有详细的描述,包括明确由谁负责获取知情同意,以及签署知情同意书的规定。

(4)计划纳入不能表达知情同意者作为受试者时,理由充分正当,对如何获得知情同意或授权同意有详细说明。

(5)在研究过程中听取并答复受试者或其代表的疑问和意见的规定。

73. 当受试者同意参加某项研究时,怎样确保他们对该项目有充分的了解?

参考答案: 采用问答的方式口头询问受试者对知情的了解,与受试者及家属进行充分的交流并解答他们的疑问,充分告知受试者相关信息后在受试者自主自愿基础上让其签署知情同意书。

74. 当受试者投诉某一个研究的时候,应该怎样做?

参考答案: 建立受试者投诉途径,在知情同意书上注明伦理委员会联系人和联系方式,研究者与受试者沟通出现的问题要采取相应措施及时解决。

75. 怎样向伦理委员会汇报接收到的投诉?

参考答案: 接收到投诉后,应秉承对受试者保护的原则进行处理,同时向伦理委员会及时汇报。鼓励受试者直接向伦理委员会投诉。

76. 应该向伦理委员会汇报怎样的信息、事件以及意外事件等? 在事件发生多久内要汇报?

参考答案: SAE要在获知后的24小时内报告伦理委员会。在我国没有明确规定非预期事件和SUSAR的报告要求,一般按照机构伦理委员会制定相关规定参照SAE上报。

第三章

针对伦理委员会主席及委员的问题

第一节 一般问题

1. 您是何时参与到伦理委员会的工作的?

参考答案: 每位委员按照实际参与伦理委员会工作的时间回答。

2. 您参加伦理委员会是自愿的吗? 需要什么程序?

参考答案: 是的,新任委员由主任委员推荐,伦理委员会会议讨论后,医院下文聘任,委员任期为期5年。

3. 作为伦理委员会委员,您感到您的工作被认可吗?

参考答案: 被认可。我们的工作为保护临床研究中的受试者,也为临床研究的科学性把关,保证了临床研究数据的真实性。

4. 您的意见被伦理委员会采纳吗?

参考答案: 根据情况被采纳,每一次伦理委员会审查会议或培训会议都会进行充分发言和讨论,主任委员会根据全体委员会的投票结果,作出审查结论。

5. 伦理委员会受到医院高层的支持吗? 是不是很光荣的工作?

参考答案: 受到医院高层的充分支持,感觉非常光荣。

6. 听说过社区代表吗？您是吗？

参考答案: 知道,我们伦理委员会有一位社区委员,他是____。

7. 伦理委员会工作量合适吗？

参考答案: 合适。时间和项目安排合理,常规会议审查每月1次。

8. 为什么选择您参加伦理委员会？

参考答案: 我有丰富的临床经验或相关工作经验,接受了系统的GCP和伦理知识培训,对受试者保护有深刻的认识,愿意为人体研究受试者保护做些工作。

9. 您认为伦理审查公正吗？审查正确吗？

参考答案: 公正,具有伦理审查的制度和流程,伦理委员能够保证审查的独立性。

正确,委员会对每一个项目进行充分的讨论,必要时,会邀请独立顾问。

第二节 针对非医学背景委员的问题

10. 您的问题和意见会被伦理委员会接受吗？您得到其他委员以及研究者的尊重吗？

参考答案: 我的问题和意见是被伦理委员会接受的,也能够得到其他委员以及研究者的尊重。

11. 审查过程中您的角色是什么？

参考答案: (1)从受试者和公众的角度审查研究项目。

(2)确定是否具有科学价值和开展的必要性,以及是否符合HRPP受试者保护的要求。

(3)主要审查知情同意书和招募文件等。比如知情同意书和过程应符合3个原则: 完全告知、充分理解、自主选择。

12. 伦理委员会对您的职责和角色是什么样的定位?

参考答案: 我们的职责和角色体现在伦理委员会的审查过程中,比如:

(1)参与讨论伦理委员会SOP和指南的制定。

(2)参加伦理委员会的会议。

(3)对提交给伦理委员会审查的研究方案进行审阅、讨论及审核。

(4)审查严重不良事件报告并建议采取适当的措施。

(5)对受理的不依从/违背方案报告进行快速审查。

(6)审阅跟踪审查报告并督查正在进行的研究是否恰当。

(7)评价研究总结报告及结果。

(8)对审阅的文件及会议内容保守秘密。

(9)有任何利益冲突时,及时声明。

(10)参加生物医学伦理学和生物医学研究的继续教育活动。

第三节　针对委员接受培训方面的问题

13. 您都接受过什么样的培训?

参考答案:(1)GCP法规(如《中华人民共和国药品管理法》《中华人民共和国药品管理法实施条例》《中华人民共和国药品注册管理办法》,以及《药物临床试验质量管理规范》,简称GCP)。

(2)伦理相关规范(包括《赫尔辛基宣言》等国际规范)。

(3)临床试验技术指导原则:如《药物临床试验伦理审查工作指导原则》。

(4)医院相关制度和SOP(标准操作规程):如利益冲突的SOP。

此外,＿＿＿年AAHRPP相关培训或其他共性问题中的培训等。

14. 您知道到哪里寻求帮助/指导吗?

参考答案: 知道,比如:

(1)有关医院规定,找相关主管部门,如临床试验和研究办公室/国家临床试验机构、医务处等。

(2)有关审查中受试者保护法规,找法律顾问。

(3)有关审查的科学性问题,找相关专家或临床专家委员会。

(4)有关伦理委员会工作,找伦理委员会。

(5)有关影响伦理委员会独立审查的事宜,报告HRPP体系负责人。

15. 您觉得您接受的培训够吗？还在接受培训吗？

参考答案:（1）内部培训: SOP、制度更新等。

（2）外部培训: 国际、国内的培训班等。

（3）国际伦理培训。

16. 您获取资源的渠道有哪些？

参考答案:（1）公开出版物: 教材。

（2）汇编手册等。

（3）讲座论坛。

（4）会议培训。

（5）伦理委员会网站。

（6）其他新媒体,比如QQ、微信等。

17. 您阅读了会议提纲才来参会吗？如果会议提纲需要修改您会怎样完成？

参考答案: 我们会在会议审查前1周通过伦理网络审查系统查阅到会议提纲和项目资料,如果需要修改会与伦理委员会秘书联系修改,并按照修改后的提纲审查项目。

18. 您从哪里了解新的政策和程序？

参考答案:（1）网站公示。

（2）内部培训: 例如伦理委员会会议审查之前的例行培训。

举例: 2013年《赫尔辛基宣言》的培训。

第四节　针对委员对于伦理准则、法规和职责了解的问题

19. 伦理委员会是做什么的？伦理委员会保护谁？

参考答案: 伦理委员会负责对所有"涉及人体的研究"进行审查与监管,研究项目开展前必须获得伦理委员会批准,研究主要根据伦理委员会要求提交相关报告; 修改方案要获得伦理委员会批准; 发生严重不良事件要及时报告伦理委员会; 发生违背方案、违反受试者保护的行为,要及时报告伦理委员会; 伦理

委员会对研究过程实施现场访视,观察知情同意过程;对于不符合受试者保护要求的研究,可以终止或暂停已经批准的研究;负责确定项目可以免除审查;负责对研究者和伦理委员会委员的利益冲突进行管理。

伦理委员会保护受试者,同时,也保护了研究者免于公众的责难,免于研究过程中的问题受到投诉或起诉。

20. 如何审查研究项目?您看哪些东西?

参考答案: 会议审查前1周可以预先在网络评审系统审阅所有项目资料,主审委员主要审查指定项目的试验方案和知情同意书等文件;快速审查与会议审查程序类似。

21. 您不需要记得相关法规内容,但是如何确保项目审查时这些法规得到贯彻?

参考答案:(1)我们有一本《药物临床试验培训教材—国内外GCP法规汇编》,审查项目时可以随时参考。

(2)也可以在伦理委员会的网站检索相关法规的电子版。

(3)投票时会依据法规指南给出意见。

22. 您对违背方案的审查、SAE审查以及涉及受试者和他人风险的非预期问题的审查程序熟悉吗?

参考答案: 我们制定了"不依从/违背方案审查SOP"和"涉及受试者和他人风险的非预期问题审查SOP"。

(1)不依从/违背方案(non-compliance/violation):指对我院伦理委员会批准试验方案的所有偏离,并且这种偏离没有获得伦理委员会的事先批准,或者不依从/违背人体受试者保护规定和伦理委员会要求的情况。

不依从/违背方案报告:严重违背和持续违背方案在1周内报告。

在试验过程中,研究者应严格按照方案设计、流程和规定进行操作,如发生不依从/违背方案,按照以下流程进行上报:

1)研究者报告给本中心主要研究者不依从/违背方案的内容,同时报告给办者和(或)CRO。

2)申办者在获知信息后,及时与研究者沟通应采取的措施,分析不依从/违背方案的原因和影响,如为研究者问题,应重新给研究者进行培训;如是受试者问题,则研究者需要与受试者沟通,以避免或降低此事件的发生率。

3)申办者和(或)CRO、主要研究者根据不依从/违背方案严重程度,分析受试者是否适合继续参加本研究,给出下一步计划意见:继续、退出、剔除、豁免。

4)研究者根据意见撰写不依从/违背方案报告,及时递交至伦理委员会。伦理委员会要求申办者和(或)研究者就事件的原因、影响及处理措施予以说明,审查该事件是否影响受试者的安全和权益,是否影响试验的风险受益,伦理委员会秘书将根据不依从/违背方案的性质和程度确定由1~2名委员审查还是会议审查。

5)完成不依从/违背方案的伦理审查后,资料管理员及时归档。

(2)SAE和涉及受试者和他人风险的非预期问题审查程序:伦理委员会秘书对材料进行初审,然后在每月的伦理委员会常规会议审查时汇报并讨论,主要包括:

1)本院发生的所有SAE,重点审查可能有关死亡、危及生命的SAE。

2)外院可能影响研究风险与受益的SAE。

3)研究过程中出现重大或严重问题,危及受试者安全。

4)非预期问题。

23. 如果主管部门对于受试者保护有特殊要求,如何审查? 您如何知道这些要求?

参考答案: 中华人民共和国卫生和计划生育委员会、国家食品药品监督管理总局对于受试者保护的要求与国际伦理法规指南是一致的,强调医学研究应遵从伦理标准,对所有的人加以尊重并保护他们的健康和权益。有些受试人群是弱势群体需加以特别保护。

我们医院主要审查的是注册类临床试验,我们主要遵循CFDA-GCP的要求,伦理委员会与知情同意书是保障受试者权益的主要措施。

卫计委和CFDA法规关于以下两点有不同:

(1)人员组成:原卫生部《涉及人的生物医学研究伦理审查(试行)》(2007年)规定伦理委员会的委员人数不得少于5人,并且应当有不同性别的委员,少数民族地区应考虑少数民族委员。CFDA的GCP第九条规定:伦理委员应有从事医药相关专业人员、非医药专业人员、法律专家及其他单位的人员,至少5人组成,并有不同性别的委员。

(2)审查决定人数:原卫生部规定伦理委员会作出的决定应得到伦理委员会三分之二委员同意。CFDA《药物临床试验伦理审查工作指导原则》(2010年)

第三十二条：伦理审查会议以投票表决的方式作出决定，以超过到会委员半数意见作为伦理委员会审查决定。

24. 你们有书面的审查工作表吗？书面的指导原则您用吗？

参考答案： 有。＿＿＿年＿＿＿月伦理会议审查开始采用网络系统，审查要点有书面的指导原则。

25. 免除伦理审查（免于人体受试者研究保护规定）与非人体受试者研究的区别是什么？

参考答案：（1）非人体受试者研究：不能同时满足"研究"和"人体受试者"法规定义的项目。

（2）免除伦理审查（免于人体受试者研究保护规定）：符合涉及"人体受试者"的研究项目，满足伦理委员会规定的可以免除审查，比如，对于既往档案病历的研究，研究者是无法获得受试者方式的（直接联系或通过标识符）。

26. 如果涉及研究器械，您如何审查？

参考答案： 按照《医疗器械临床试验质量管理规范》（2016年）的要求审查，初始审查时会议审查。

27. 您知道不良事件、严重不良事件、不依从/违背方案、涉及受试者和他人风险的非预期问题吗？

参考答案：（1）不良事件（adverse event）：患者或临床试验受试者接受一种药品后出现的不良医学事件，但并不一定与治疗有因果关系。

（2）严重不良事件（serious adverse event）：临床试验过程中发生需住院治疗、延长住院时间、伤残、影响工作能力、危及生命或死亡、导致先天畸形等事件。

（3）不依从/违背方案（non-compliance/violation）：指对我院伦理委员会批准试验方案的所有偏离，并且这种偏离没有获得伦理委员会的事先批准，或者不依从/违背人体受试者保护规定和伦理委员会要求的情况。

（4）涉及受试者和他人风险的非预期问题（unanticipated problems involving

risks to participants or others）：是指临床试验过程中发生的同时符合以下3条标准的事件：①发生是非预期的；②与研究相关的；③让受试者或他人面临新的或更大的风险。

28. 审查知情同意书时主要关注的问题是什么？

参考答案：知情同意三原则：完全告知、充分理解、自主选择。

29. 审查方案时您主要关注的问题是什么（您怎样对一个研究方案进行审查？批准一个研究的条件是什么）？

参考答案：科学性与伦理性。审查清单，参见药物临床试验指导原则"伦理审查要素"，伦理方面主要是保护受试者。
科学性表现在：
1）是否提出了科学问题。
2）试验设计的合理性。
3）方案可行性。
4）研究者资质。

30. 不依从/违背方案与不良事件的区别是什么？

参考答案：（1）不良事件：患者或受试者参加试验后所发生的任何不良医学情况。此项不良情况与试验药品/仪器间不一定具有因果关系。不管是否与试验药品/仪器有关，此不良事件为使用试验药品/仪器后出现的任何不适或意外的症状或感受。
（2）不依从/违背方案：指对伦理委员会批准试验方案的所有偏离，且这种偏离没有获得伦理委员会的事先批准，或者不依从/违背人体受试者保护规定和伦理委员会要求的情况。

31. 跟踪审查是什么？为什么需要跟踪审查？

参考答案：伦理委员会对所有批准的临床试验进行跟踪审查，直至试验结束。
（1）广义的"跟踪审查"包括：修正案审查、年度/定期跟踪审查、严重不良事件的审查、不依从/违背方案的审查、提前终止试验的审查、结题审查等。

（2）狭义的"跟踪审查"指年度/定期跟踪审查。伦理委员会初始审查时应根据试验的风险程度,决定年度/定期跟踪审查的频率,至少每年一次。伦理委员会应要求研究者按时提交报告,伦理委员会在审查研究进展情况后,再次评估试验的风险与受益。

32. 您作为主任委员的职责是什么?

参考答案: 主任委员的职责:

（1）全面主持伦理委员会的工作。

（2）组织对伦理委员会的发展远景、人才培养、管理方案、科研方向等进行规划。

（3）对伦理委员会的组建、换届、选举、人员更替,医学伦理委员会的功能定位、岗位与人员配置、分工与职责推出意见并组织讨论与审议。

（4）组织制定各项制度/SOP,对其批准、生效、废止进行签署。

（5）主持医学伦理委员会审查会议,布置、监督各项工作的开展与实施,对存在的问题进行协调与处理。

（6）对试验项目的备案、年度跟踪审查、结题报告进行审核、签署或盖章。

（7）组织做好各项质量管理工作,对存在的问题督促整改。

（8）负责伦理审查费用使用的审核、签署。

（9）组织参加学术交流和学术活动,加强与国内外的科学与技术合作和交流。

（10）完成CFDA、中华人民共国卫生和计划生育委员会等上级部门布置的工作。

33. 主任委员是如何管理会议的?

参考答案: 主持伦理委员会会议,确定会议时间和议程,安排内部培训并按议程审查项目。

34. 您如何对伦理委员会委员进行持续的教育培训?

参考答案: 在成为伦理委员会委员后,委员还需要接受持续的培训。

（1）内部培训:常规会议审查前的伦理委员会制度、SOP的更新和最新的国家颁布的伦理法律法规和指南等。

（2）外部培训:不定期的国际、国内的伦理培训班等。

35. 什么时候需要邀请独立顾问?

参考答案: 当伦理委员会的人员背景无法满足项目评审要求时可以邀请独立顾问。独立顾问就试验方案中的一些问题向伦理委员会提供咨询意见,但不具有伦理审查表决权。独立顾问可以是伦理或法律方面的、特定疾病或方法学的专家,或者是特殊疾病人群、特定地区人群/族群或其他特定利益团体的代表。

36. 你们有使用紧急用药的时候吗? 怎样使用?

参考答案: 没有,目前本院没有遇到紧急用药的情况。

37. 急诊室的临床研究你们会批准吗? 紧急情况下会怎样做? 这个时候需要请社区顾问吗?

参考答案: 举例: 神经内科某项目筛选的受试者有来自急诊的患者,受试者清醒时需要受试者本人签署知情同意书,如不清醒,需要家属或法定代理人签署,或等受试者清醒后再签署。但目前本项目筛选的均是清醒状态下的受试者。

38. 谁负责培训工作吗?

参考答案: 主任委员负责,秘书和临床试验和研究办公室具体执行。

39. 副主任委员在伦理委员会的职责是什么?

参考答案: 协助主任委员管理伦理会会议的召开和项目审查,主任委员缺席时,副主任委员行使主任委员职责。

40. 副主任委员日常做些什么工作?

参考答案: 协助主任委员管理伦理委员会会议的召开、项目审查、委员培训等。

41. 副主任委员制定制度、SOP吗? 在这方面的职责是什么?

参考答案: 负责协助主任委员制定并完善制度SOP。

42. 您如何管理COI(利益冲突)?

参考答案: 利益冲突可以划分为3种类型: 研究机构的利益冲突、伦理委员会委员的利益冲突和研究者及研究工作人员的利益冲突。研究机构的利益冲突一般由研究机构的利益冲突管理部门监督管理,而伦理委员会成员、独立顾问和研究人员的利益冲突则由伦理委员会监督管理。伦理委员会和利益冲突委员会需要形成良好的沟通机制,一般伦理委员会委员初任委员时,签署利益冲突声明,每次伦理会议之前,由主要研究者签署利益冲突声明。

43. 您是否有提前终止某个临床试验的经验?

参考答案: 目前没有。如有,举例说明。
提前终止试验的审查是指对申办者和(或)研究者提前终止试验的审查。伦理委员会应要求申办者和(或)研究者报告提前终止试验的原因,以及对受试者的后续处理,审查受试者的安全和权益是否得到保证。

44. 您是否做过PI,您是如何处理利益冲突的问题的?

参考答案: 有,伦理委员会成员同时作为某项临床试验的PI时,应适当回避利益相关问题。

45. 有领导为了某个项目的伦理审查向您施加压力吗? 如果有,怎么办?

参考答案: 没有。如果有,严格按照伦理委员会的管理制度和SOP进行项目审查,伦理委员会独立审查。

46. 您是否审查项目的知情同意书? 有无审查知情同意过程?

参考答案: 有,按照知情同意书审查要点审查,伦理委员会有审查知情同意的规定,必要时,伦理委员会可派1~2名委员现场考察知情同意过程。

47. 您如何审查受试者补偿部分? 临床试验是否会用补偿来吸引潜在受试者?

参考答案: 主要审查如发生与试验相关的损害时,受试者可以获得的治疗和相应的补偿。

（1）审查金额的合理性。

（2）招募广告中可以说明会给予受试者补偿,但是不应该强调报酬或报酬的大小。

48. 若PI将受试者的临床试验数据储存在自己的电脑中,但不小心丢失了,您觉得应当如何处理?

参考答案:（1）研究方案制订时,研究者就应该评估研究数据保密的要求,采取相应保密措施,如涉及同性恋的研究应制订一旦丢失如何处理的预案。

（2）研究者应该妥善保管研究数据和研究记录,装有研究数据和研究记录的文件不得放在私人电脑上,必须储存在医院的公共电脑上并链接医院服务器,服务器定期备份。

（3）研究数据库应该设置密码。

（4）一旦丢失,立即采取补救措施,启用应急预案,尽可能降低可能的不良后果。

（5）报告伦理委员会。

（6）必要时告诉受试者。

49. 临床试验超过伦理跟踪审查时限或超过伦理批准年限的情况下,会如何处理?

参考答案: 伦理委员会要求暂停研究活动,通过跟踪审查的伦理审查后方可开展。

50. 发生了违背方案的情况,谁负责调查?

参考答案: 伦理委员会负责审查,国家药物临床试验机构负责质控。

51. 谁来决定主审委员?

参考答案: 主任委员授权的秘书决定主审委员,如项目复杂无法确定主审委员时,可请示主任委员决定。

52. 是否有对委员的考核机制? 有没有委员因为不胜任工作,被取消资格的?

参考答案: 伦理委员会建立委员评估制度。有伦理委员会会议审查出席率过低被取消委员资格,也有因审查时间不能保证主动提出退出伦理委员会的委员。

53. 伦理委员会是否会对PI及其研究团队开展临床试验的能力进行审查?

参考答案: 会对PI的资质和研究团队开展临床试验的能力审查。举例: ___科同时有两个同类项目递交伦理审查,伦理委员会只批准一个,另外一个需要等已批准的一个完成入组后才能再次递交伦理委员会审查。

54. 您与医院的关系如何?

参考答案: 很好,医院的受试者保护氛围非常好。

55. 您做主审吗? 主要审查什么样的材料? 您如何审查项目?

参考答案: 我是科学背景委员,主要审查研究方案、研究者手册、受试者的风险和获益。
我是非科学背景委员,主要审查知情同意书、招募广告的内容。
我是律师代表,主要审查保险证明以及受试者的补偿问题。

56. 您听得懂研究者的报告吗? 不懂怎么办?

参考答案: 听得懂,如有不懂时可向研究者提问并和其他委员讨论。

57. 会议审查时您有不明白的问题,会提问吗? 您会不会有所顾虑?

参考答案: 有时不是本专业的问题可能会不懂,但不懂时可提问,会议审查时委员可没有任何顾虑地充分发言和讨论,最后投票决定。

58. 知情同意书是否有您看不懂的表述或医学术语? 您怎么办?

参考答案: 要求研究者解释,建议修改知情同意书,尽量使用受试者容易理解的表述方式。

59. 知情同意书所使用的文字如何让受试者了解?

参考答案: 非科学背景的委员会站在受试者的角度来审查知情同意书。

举例: 国际多中心临床试验的知情同意书很长,要求提供知情同意书摘要以便受试者理解。

60. 有无测试工具了解同意书内容表达的程度?

参考答案: 按照知情同意书要素表评估,由非科学背景委员重点审查。

61. 知情同意书内容是否因方言不同而有所不同?

参考答案: 在中国,方言不同,但是使用的书面文字一样。

62. 国际多中心项目递交的知情同意书等文件,在翻译后有无简化?

参考答案: 伦理委员会要求申办者提供完整翔实的信息,个别研究项目伦理委员会建议补充摘要,方便受试者理解。

63. 如果会议审查时别人都同意了,您不同意这个项目怎么办?

参考答案: 我会在投票栏注明不同意的意见,但是遵守伦理审查会议以投票表决的方式作出决定,以超过到会委员半数意见作为伦理委员会审查的决定。

64. 您有没有什么政治信仰或宗教信仰,使得您不同意一些项目,如胚胎研究?

参考答案: 没有。

65. 会议审查有哪些决定? 如何决定?

参考答案: 同意、不同意、作必要修正后同意、作必要修改后重审。终止或暂停已经批准的试验,伦理审查会议以投票表决的方式作出决定,以超过到会委员半数意见作为伦理委员会审查的决定。

66. 伦理委员会会议审查如何投票?

参考答案: 主任委员组织委员投票,从一时开始网络投票。

67. 是否会审查招募方式? 如果是,常见问题是什么?

参考答案: 会,常见问题如下:

（1）广告等招募材料禁止在没有解释临床研究是试验性的前提下使用"新治疗"或"新药"这样的用语,因为这些用语可以导致试验受试者误认为他们将接受被证明有效的新产品;

（2）当其用意是受试者参加研究不收费,不应该承诺"免费医疗",承诺免费医疗对经济困难的受试者可能是一种强制;可以说明会给予受试者补偿,但是不应该强调报酬或报酬的多少,补偿也不是获益;

（3）关于试验用药和试验用设施的优越性、安全性或有效性不应该作任何声明,任何明确声称或含蓄暗示试验药物是安全的或有效的,或者说试验制剂与任何其他治疗疗效相等或优于其他治疗,都是一种误导。

（4）注明招募广告的发表途径和受试者的其他招募方式。

68. 难以招募受试者时,可邀请伦理委员会委员协助招募受试者吗?

参考答案: 伦理委员会委员不能协助招募受试者,AAHRPP明文规定不能发放临床试验推荐费,我院的HRPP文件也是这样规定的。

69. 国内多中心合作的研究方案,是否只需通过其中一家医院的审查,即可执行?

参考答案: 多中心临床试验的伦理审查应以审查的一致性和及时性为基本原则。组长单位伦理委员会负责审查试验方案的科学性和伦理合理性。

各参加单位伦理委员会在接受组长单位伦理委员会的审查意见的前提下,负责审查该项试验在本机构的可行性,包括机构研究者的资格、经验与是否有充分的时间参加临床试验,人员配备与设备条件。参加单位伦理委员会有权批准或不批准在其机构进行的研究。

70. 如果递交伦理审查的研究方案与实际执行方案有差异,该如何处理?

参考答案: 属于不依从/违背方案,按不依从/违背方案审查。

71. 贵院是如何进行跟踪审查的,审查周期是多少,如果超过研究时间,怎么办?

参考答案: 根据临床研究的性质确定审查频率,一般为3个月、6个月、9个月和12个月,秘书会提前1个月要求研究者提交跟踪审查报告,如果超过时间,则暂停试验。

72. 伦理委员会对研究者有何种帮助?

参考答案: 通过对研究方案和知情同意书等文件的审查,提升研究者的受试者保护意识,促进受试者权益的保护。

73. 研究中一般会纳入弱势群体吗?

参考答案: 一般不纳入,如果纳入则要确定是否符合纳入弱势群体的要求,比如是否对参加研究的弱势群体有益等。

74. 当研究方案有可能发生放射性危害时怎样审查?

参考答案: 先递交伦理委员会,伦理委员会会转至放射和生物安全委员会审查。

75. 如果发生药物相关死亡如何处理?

参考答案:(1)按照SAE流程进行报告,出具书面讨论报告。
(2)伦理委员会(IRB)进行讨论,评估试验的风险。
(3)如有数据安全监察委员会,提交风险评估报告。

76. 小于18岁的受试者是否进行非最小风险的研究?

参考答案: 暂未涉及。

77. 儿童的知情同意过程是什么？是否获得儿童的同意？是否有特定的告知书（Assent Form）？多大的孩子需要签署 Assent Form？

参考答案： 目前本院没有涉及儿童的研究。若有涉及儿童的研究，则据实回答怎样签署儿童的告知书；如无特定的同意书，多大的儿童需要签署？如果父母都不是法定监护人，怎样鉴定法定监护人？等。（可举例）

78. 精神科研究如何评估受试者的认知状态？会问哪些问题？

参考答案： 暂未涉及，若有，则需据实回答。

79. 有无对孕妇的试验项目？如何评估对胎儿的风险？

参考答案： 暂未涉及，若有，则需据实回答，且需要了解国际上的一般做法。

80. 你们审查的 SAE 多不多？一年大概几个？

参考答案： 近三年 SAE 报告____例，方案违背报告____次。

81. 能否讲述一个典型的伦理委员会（IRB）会议过程？比如：谁主持审核？要多长时间？一次会议审核多少研究计划？是否每人都有发言机会？怎样表决是否通过？

参考答案： 据实回答。

会议由主任委员主持，一般是每个月第二个周四的下午，一次会议审核 5~20 个项目，每次参加人数必须大于半数（7 名）。首先由研究者汇报项目概要，解释主要伦理问题，然后主审委员报告意见，每位委员都可以提问，研究者给予解答。然后委员再书面投票，最后结论是所有参会委员的 2/3 同意才可通过，需要回避的委员除外。

82. 您认为伦理委员会中非科学背景委员和社区代表身份的成员是否能在审核时作出贡献？

参考答案： 非科学家身份委员和社区代表在伦理审查时能作出重要的贡献，他们主要审查知情同意和招募材料。

举例:____委员对受试者损害赔偿比较关注,____委员对受试者的获益(例如交通补贴)和风险评估比较关注。

83. 在会议开始多久之前你们会收到上会的资料? 这段时间够您准备吗?

参考答案: 要求上会前2周递交资料。这段时间足够主审委员进行资料审阅。

84. 主要审核人会收到哪种信息? 其他成员呢?

参考答案: 主审委员将收到和其他成员同样的项目审查资料。

(1)常规审查时提交材料清单

1)临床批件/中心伦理批件。

2)临床试验方案。

3)研究者方案讨论会纪要; 安慰剂作为对照药的理论依据。

4)知情同意书。

5)研究者手册。

6)研究者简历。

7)招募广告。

8)原始病历、病例报告表、日记卡。

9)药物检验报告。

10)申办者的资质证明及GMP证书。

(2)快审时主审委员将收到的材料

1)伦理快审递交函。

2)原资料(如研究方案、知情同意书)。

3)修订记录(研究方案)。

4)其他新增资料。

85. 你们机构伦理委员会的最后决定是否总是一致? 能否举例当发生不一致情况的时候怎样解决?

参考答案: 少数服从多数的原则; 当通过和不通过的委员人数相同时,视为不通过。

86. 当伦理委员会以外的成员或团体审核方案当中的科学性或学术性问题的时候,这些信息怎样与您共享?

参考答案: 由科学审查委员会进行审查,委员会主任在会议记录上签字,7个工作日内交给伦理委员会(IRB)、机构办和研究者。
(1)是否有临床试验经历。
(2)是否有稳定的研究方向和团队。
(3)是否可以应用科室的资源。

87. 如果研究者或者部门领导给您压力要针对某个研究作特殊决定的时候您会怎么办? 这种情况发生过吗?

参考答案: 坚持伦理委员会的原则审核,同时将这一事件报告给主任委员或直接向HRPP负责人反映。目前没有发生过。

88. 如果伦理委员会对某项研究方案审核不通过怎么办? 这种情况发生得多吗?

参考答案: 2013年首审通过率为____%。2014年首审通过率____%。
流程:
(1)批件传达给研究者和申办者。
(2)同时伦理委员会秘书会和研究者和申办者进行沟通。
(3)帮助他们按照伦理委员会的意见对方案等进行修改和完善。
(4)准备重新上会。

89. 不依从/违背方案发生后并被提交到委员会后,你们是怎样处理的?

参考答案: 主任委员授权秘书审查,必要时上会审查。每次伦理委员会开会时,须通报给所有委员。秘书负责将审查意见传达给研究者和机构办公室,并由机构办公室负责整改的监督和反馈,最后和申办者一起对研究者进行培训。

90. 您认为伦理委员会(IRB)成员都具有必要的专业素养来审核研究方案吗? 当一个研究超出了常规的专业范围的时候怎样来审核方案?

参考答案: 一般需要常规的专业素养,这样能够审核很多专业的研究方案,但如果超出了常规专业范围时则应聘请独立顾问。

91. 能否举例说明对于伦理委员会（IRB）成员的"利益冲突"？这种情况在伦理委员会（IRB）会议时是怎样处理的？

参考答案:（1）签署利益冲突声明。

（2）告知伦理委员会（IRB）。

（3）投票回避。

举例:____教授的Ⅰ期项目,本人是委员,则应回避;____教授的项目,其直系家属是委员,则应回避。

92. 您在同意某个研究方案之前需要遵守的常规条款是怎样来遵守的？（培训、申请表格、同意书模版和列表）

参考答案: 伦理委员会（IRB）制定了项目审查的清单,辅助委员把握审查的要点。

93. 有一些伦理委员（IRB）会很快过一遍持续性审查(比如:再次审核通过),这些情况在你们机构是怎样进行的？

参考答案: 一般通过快速审查完成。通知研究者,快速审查,会上通报。

94. 你们怎样来评估方案的风险？

参考答案: 根据试验项目的性质和试验药物的风险程度进行评估,尽可能地保护受试者的权益,伦理会议审查时要求研究团队提供紧急风险预案和受试者保险证明。试验中加强试验质控的频率和强度,如有任何可能危及受试者的事项,让受试者随时退出,或由伦理委员会决定是否终止或暂停临床试验。试验结束后,研究者向伦理委员会递交结题报告并总结试验期间SAE的发生情况和试验结果。

95. 你们在评估方案时有碰到过受试者受益小于风险的时候吗？

参考答案: 风险不可避免,但可以被控制或最小化。伦理委员会有责任确保风险在可能范围内最小化。临床试验中,研究预期受益分为受试者受益和社会受益,患者和健康受试者也可能同意参加与其所患病症无关,或与其病症有关但无须提供任何诊断或治疗益处的研究。尽管这种研究在当前和未来不会让受试者受益,但增加了人类生理病理医学知识而可能社会受益。因此,在伦理委员会审查权衡受试者可接受风险范围内的研究时,也会批准那些受益小于风险的研究。比如有些Ⅰ期临床研究项目就是典型的受益比风险要小。

96. 你们在同意某一个研究方案之前是否会关注监测数据以及安全性计划? 比如: 试验一旦开始,你们是否会获得有关数据以及安全性监测的信息?

参考答案: 肯定关注。

(1)多中心研究: 对SAE、进行汇总、分析、报告。

(2)院内研究: 进行跟踪审查。

(3)SAE: 伦理委员会(IRB)会上汇报。

97. 关于隐私(个人及其周边环境)和保密(受试者的相关数据)的区别是什么? 匿名是指什么?

参考答案:(1)隐私: 是指不愿告人或不愿公开的个人的私事。隐私又称私人生活秘密或私生活秘密,是指私人生活安宁不受他人非法干扰,私人信息保密不受他人非法搜集、刺探和公开等,隐私是一种与公共利益、群体利益无关的、当事人不愿他人知道或他人不便知道的个人信息,当事人不愿他人干涉或他人不便干涉的个人私事和当事人不愿他人侵入或他人不便侵入的个人领域。

(2)保密: 保护秘密不被泄露,也指遵守研究者与受试者达成的协议,即如何对受试者可识别身份的个人信息进行处理、管理。

(3)匿名: 是指对研究数据的匿名化处理,隐去可以识别受试者身份的信息,如受试者的姓名、住址、电话、门诊号、住院号、肖像等,代之以受试者代码或标本代码。

98. 您在考虑PI保护隐私的方面会主要审核哪些方面的内容?

参考答案:(1)机构对PI和研究团队的资质进行要求,对其进行培训(包括隐私)。

(2)机构办公室对其进行监督。

99. 在保护弱势群体方面你们伦理委员会会有一些什么样的特别保护措施?

参考答案: 我们目前没有涉及到弱势群体的研究,如有,一定会特别关注研究者和申办者提供给受试者的额外的医疗保护,比如受试者的补偿、赔偿以及知情同意的签署等。

100. 曾经讨论过应该给受试者多少报酬吗?

参考答案: 报酬是不允许的,但补偿在会议审查时讨论过,如交通补助、误工费等经济补偿。

101. 您怎样得知受试者在研究中受到的伤害是否持续存在? 谁来为这些伤害买单?

参考答案:(1)对方案、知情进行审查。
(2)伦理通过后,合同审查,明确规定。
(3)项目的跟踪审查、报告、措施。

102. 你们是怎样审核招募广告的?

参考答案:(1)广告等招募材料禁止在没有解释临床研究是试验性的前提下使用"新治疗"或"新药"这样的用语,因为这些用语可以导致试验受试者误认为他们将接受被证明是有效的新产品。

(2)当其用意是受试者参加研究不收费,不应该承诺"免费医疗",承诺免费医疗对经济困难的受试者可能是一种强制;可以说明会给予受试者补偿,但是不应该强调报酬或报酬的大小,补偿不是获益。

(3)关于试验用药和试验用设施的优越性、安全性或有效性不应该作任何声明,任何明确声称或含蓄暗示试验药物是安全的或有效的,或者说试验制剂与任何其他治疗疗效相等或优于其他治疗,都是一种误导。

103. 对于知情同意你们在审核时会遵循什么条款?(比如:受试者是否有选择的机会? 受试者是否会被强迫? 语言对于受试者来说是否合适? 是否包括了所有的东西?)

参考答案: 根据《药物临床试验伦理审查工作指导原则》,知情同意的审核要点有：

（1）试验目的、应遵循的试验步骤（包括所有侵入性操作）、试验期限。

（2）预期的受试者的风险和不便。

（3）预期的受益。当受试者没有直接受益时，应告知受试者。

（4）受试者可获得的备选治疗，以及备选治疗重要的潜在风险和受益。

（5）受试者参加试验是否获得报酬。

（6）受试者参加试验是否需要承担费用。

（7）识别受试者身份的有关记录的保密程度，并说明必要时，试验项目申办者、伦理委员会、政府管理部门按规定可以查阅参加试验的受试者资料。

（8）发生与试验相关的损害时，受试者可以获得治疗和相应的补偿。

（9）参加试验是自愿的，可以拒绝参加或有权在试验的任何阶段随时退出试验而不会遭到歧视或报复，医疗待遇与权益不会受到影响。

（10）存在有关试验和受试者权利的问题，以及发生试验相关伤害时的联系人及联系方式。

104. 当研究是在另一个国家进行时，您怎样获得那个国家进行研究环境的必要信息，包括习俗、居住环境、教育水平、收入和医疗水平等（也称为局部环境）？

参考答案： 目前我院尚无开展我国发起同时在他国进行的临床试验项目。但如果有的话，则需要查找研究环境的必要信息，途径有很多种，如媒体和杂志等，但最好的方法是在当地有协助研究者或伦理专家帮助收集研究环境的必要信息。

105. 对于备选的会员：您接受了怎样的培训？您作为伦理委员会（IRB）成员的频率高不高？当您被通知参会时，会获取什么样的资料？您是作为哪位伦理委员会（IRB）成员的备选成员？

参考答案： 我院目前没有设置备选委员。若有，则据实回答。培训可参照共性问题中的培训内容。据实回答具体参与伦理审查的次数以及在哪位伦理委员会委员不能参会时可代替他出席发表意见并参与决定投票。

第四章

针对伦理委员会秘书的问题

1. 您的教育背景是什么,从事伦理秘书工作有多久了?

参考答案: 教育背景多为伦理学、医学、药学或护理学背景,工作时限可根据各自情况如实回答。

2. 几位秘书的职责分工是什么?

参考答案: 一般职责分工如下: 主要从事科学性审查或主要负责伦理性审查,主要负责药物、器械、技术和科研项目的形式审查。每位秘书根据自己在AAHRPP面谈中的主要任务来进行详细描述,比如某位秘书兼任培训工作,那么需要了解机构和医院整体的关于保护受试者的培训工作具体有哪些日常的事务。

3. 伦理审查的程序是什么?

参考答案: 所有递交伦理委员会的申请都需要由秘书首先进行形式审查,形式审查通过后,再根据项目类型确定审查形式,组织委员进行审查。一般首次递交伦理的项目都需要会议审查。

4. 几位秘书都负责写会议纪要吗?

参考答案: 是的。如有两位以上的秘书,一位负责记录,另一位负责复核。

5. 两位都审查项目吗?

参考答案: 是的,但没有投票权。

6. 什么时候用到独立顾问? 独立顾问的权利具体是什么?

参考答案: 独立顾问是受伦理委员会的邀请,就试验方案中的一些问题向伦理委员会提供咨询意见,独立顾问不具有伦理审查表决权。独立顾问可以是伦理或法律方面的、特定疾病或方法学的专家,或者是特殊疾病人群、特定地区人群/族群或其他特定利益团体的代表。

7. 涉及儿童的临床试验的知情同意过程有什么特殊要求?

参考答案: 儿童作为弱势群体,在审查的过程中会予以特别关注。

儿童作为受试者,必须征得其法定监护人的知情同意并签署知情同意书,当儿童能作出同意参加研究的决定时,还必须征得其本人同意。(《药物临床试验质量管理规范》,2003年)

儿童(未成年)阶段划分: 0~10周岁无民事行为能力,知情同意无须征得儿童同意; 10~18(或者16)周岁,为限制民事行为能力,需要征得未成年人的意见,但是最终由法定代理人决定; 18周岁以上的公民是成年人,具有完全民事行为能力,可以独立进行民事活动,是完全民事行为能力人。16周岁以上不满18周岁的公民,以自己的劳动收入为主要生活来源的,视为完全民事行为能力人。(《中华人民共和国民法通则》,1987)

8. 伦理审查的主审程序是什么?

参考答案: 伦理委员会主任委员授权秘书根据项目类型分配主审,需要主审的项目一般包括: 化学药品1.1类新药、安慰剂对照项目。

9. 您如何选择主审委员?

参考答案: 主任委员授权伦理委员会秘书对项目资料进行形式审查后,对于较为复杂的项目,有下列情况之一的,选择专业背景适合和审查经验丰富1~2名主审委员进行审查:
(1)安慰剂对照项目。
(2)化学药物1.1类新药。
(3)其他风险高的项目。

10. 伦理会议主持人是谁? 每次都有外单位人参加吗? 会议记录谁负责?

参考答案: 主任委员或副主任委员。每次都有外单位人员参加,秘书负责会议记录。

11. 会议记录中有很多"建议...",但是最后都是同意,那么这些建议是不是不需要的吗?

参考答案: 主审建议需要回复,委员意见当场回答。重大建议问题有可能会导致这个研究项目不通过,需要修正方案后才能再次审查。这些建议是会议审查时委员针对项目向研究者提出的疑问和观点,即使最后的结论为同意,也有助于研究者更好地理解临床研究的伦理问题。

12. 会议审查的决定人数是如何定义的? 谁负责确定法定人数? 中途有人退场吗? 有人晚到吗? 这样的情况如何处理? 有没有记录?

参考答案: 按照《药物临床试验质量管理规范》第九条规定,伦理委员会应有从事医药相关专业人员、非医药专业人员、法律专家及来自其他单位的人员,至少由5个不同性别的委员组成。伦理委员会规定召开审查会议所需的法定到会人数最少应超过半数成员,到会委员包括医药专业、非医药专业,独立于研究/试验单位之外的人员、不同性别的人员。中途一般不会有人退场和迟到。秘书会在会前通知委员,在开会前确定出席委员是否符合法定人数,报告主任委员。

13. 会议上有无委员回避的情况?

参考答案: 有,往往是存在利益冲突的情况下会回避,比如委员同时作为研究者或有其他的经济或职责冲突,一般都会在会议审查前声明。

14. 部分委员来会议少,为什么,有什么措施?

参考答案: 对于参会次数比较少的委员,主任委员会予以提醒,每年年度总结伦理委员会工作贡献排名,如出席率低于50%,建议退出伦理委员会的工作,不再担任委员。

15. 近两年来伦理委员会(IRB)的改进,有无线上系统?

参考答案: 有,2015年初启用网络评审。

16. 承接上题,线上系统的填写方式和下载情况如何,本系统为贵院研究之系统吗?

参考答案: 本系统为湘雅三医院自主研发的线上系统,对涉及伦理评审的各个角色都设有权限。

17. 审查方案文件保存年限,目前超过年限的文件有多少?

参考答案: 按照《药物临床试验质量管理规范》的规定是保存5年,自2004年以来的超过保存年限的文件,都存档在资料室中。

18. 新人如何学会写会议记录?

参考答案: 经过充分的GCP和伦理培训后撰写。

19. 会议记录多少日内要完成? 如何审核?

参考答案: 会议结束后7个工作日内完成,由一位委员审核,主任委员批准,一致性监管委员会监察。

20. 当出席人数仅有一位非医学委员时,开会时是否有这位委员离席的情形? 会议是否继续或停止?

参考答案: 目前没有出现过这种情况,每次出席会议时都有多于一位非医学委员,但是如果遇到这种情形,暂停会议。

21. 委员审查时间为多久? 一般审查项目审查时间约多久?

参考答案: 会议审查平均5~20个项目,一般Ⅱ~Ⅲ期项目15~20分钟,Ⅰ期项目10分钟。

22. 跟踪审查——委员之意见大部分为何?

参考答案: 跟踪审查的频率一般为12个月,申请人递交年度进展报告等文件给伦理委员会后,委员会对其内容进行审查和评估,以确定是否同意其项目研究继续进行。

23. 审查方案增加,行政人员是否有增加?

参考答案: 随着审查项目的增多,中南大学湘雅三医院伦理委员会医学伦理分委员会的行政人员已由1位增加到3位。

24. 主管是否针对行政人员评核? 是否针对委员进行面谈?

参考答案: 由主任委员对工作人员和委员进行年度评估,如评估需要,会与委员进行面谈。

25. 如何帮助试验主要研究者明确试验案是否涉及人体研究?

参考答案:(1)非人体受试者研究: 不能同时满足“研究”和“人体受试者”法规定义的项目。
（2）免除伦理审查(免于人体受试者研究保护规定): 符合涉及“人体受试者”的“研究”项目,满足伦理委员会规定的可以免除审查的项目,比如: 对于既往存档的病历的研究,研究者是以无法联系受试者的方式(直接联系或通过标识符)记录信息。(具体可参见CFDA豁免条例)

26. 接收申请时,最常见之问题为何? 变更案为例,常发生之问题? 修订案为例,持续审查为例,常发生之问题?

参考答案: 最常见的通用问题是资料准备不全,文本填写不规范。

27. 处理收件、核对文件外,是否含审阅文件内容?

参考答案: 会的,由秘书审查。

28. 谁在机构里负责HRPP?

参考答案: 一般为主管科研的副院长,其他具有总体组织和管理能力的医院代表也可以。

29. 你们有足够的人来做这件事吗?

参考答案: 有。

30. 如果人手不足的话,受试者是否会处于危险当中?

参考答案: 人手足够,本研究机构已经建立了人类研究保护体系,无论何时都会充分保障受试者的权益。

31. 谁负责研究方案的科学性审查?

参考答案: 一般项目的科学性审查由伦理委员会完成,临床研究专家委员会(履行科学审查小组职责)主要负责审查创新项目和风险较大的项目。其他:独立顾问。

32. 当你们被质疑到是否有另外的机构也会审核这个研究时(多中心研究),谁来作最终决定?

参考答案: 如果是本院研究者为组长单位的项目,本院伦理委员会(IRB)的决定是最终决定。如果是外院研究者发起的项目,外院的伦理委员会批准则做,不批准则不做。

33. 当你们中心的一个PI是多中心研究的PI,而且这个研究是需要伦理审核的,那么你们伦理委员会(IRB)应当承担什么样的责任?

参考答案: 研究方案的科学性和伦理性审查。

34. 你们医院的放射性安全部门和生物安全部门是怎样协同工作的?

参考答案: 本研究机构目前并未承担涉及生物安全和放射安全的临床试验。如果有相关注册临床试验项目,与放射和生物安全相关的项目,均由生物安全委员会统一审查。伦理委员会(IRB)将让生物安全委员会对项目先进行审核;如为研究者发起的项目,临床试验和研究办公室在审批之前也将要求生物安全委员会对项目先进行审核。

35. 伦理委员会(IRB)的决定怎样告知研究者,有什么样的时间限制?

参考答案: 及时邮件告知伦理委员会(IRB)决定,并电话或短信提醒其关注相关邮件,一般在7个工作日内出具正式批件。

36. 怎样保证您受到了足够必须的培训? 您受到了怎样的培训?

参考答案: 除了新入职的GCP培训,每次伦理审查会议都有伦理委员会法规、指南以及管理制度SOP的内部培训,伦理委员会会组织伦理委员会委员每年参加国内的伦理会议和AAHRPP年会。

37. 谁负责保管伦理委员会(IRB)花名册以及谁负责把它提交给合适的管理机构?

参考答案: 由伦理委员会秘书负责保管并负责提交给管理机构。

38. 管理依从性的员工的职责是什么?

参考答案: 在药物临床试验中,受试者的依从性与试验结果的质量密切相关,受试者不依从或依从性差是导致试验结果偏倚的关键因素。
受试者的依从性管理员工的职责主要如下:
(1)监督受试者按照规定的药物剂量和疗程服用试验药物的程度。
(2)监督研究者遵循CFDA-GCP、SOP以及其他伦理法规的程度。
(3)研究者获悉违背方案和不依从事件应及时向依从性监管委员会汇报。

39. 当一个活动被质疑是否为人类受试者研究的时候,这时候伦理委员会(IRB)办公室会作出怎样的应对?

参考答案: 首先判定是否为人类受试者研究,伦理委员会的审查范围根据伦理审查的类型而定,一般为涉及人的临床研究,即符合"研究"定义并涉及"人类受试者"的相关活动。

40. 您怎样保证没有利益冲突?

参考答案: 建立完善的研究机构、伦理委员会委员、研究者利益冲突管理制度、利益冲突委员回避程序以及不间断的利益冲突培训。

41. 对于豁免和快速审查的要求你们伦理委员会(IRB)是怎样处理的?

参考答案: 中南大学湘雅三医院没有豁免审查的项目,所有的项目都应递交伦理委员会会议审查或者快速审查。

42. 对于急救药物和医疗器械的审核你们是怎样做的?

参考答案: 急救药物和医疗器械的审查按照常规会议审查,如时间紧急事件重大可以紧急会议审查。

43. 您要完成哪些日常工作?

参考答案:(1)研究项目资料的形式审查。
(2)伦理会议、快速审查,以及年度/定期跟踪审查等的组织。
(3)方案更新修改资料的备案、安全性信息文件的接收备案。
(4)伦理培训。
(5)伦理委员会网络审评系统的管理等。

44. 谁来负责快速审核? [您能够做加快审核工作是因为您被授予了权限,并且是一个后备伦理委员会(IRB)成员]

参考答案: 主任委员授权伦理委员会秘书选定两名有经验和相应专业背景的伦理委员进行快速审查,一般为一名科学和一名非科学。

45. 描述一个新研究方案从接收到完整上会的过程?

参考答案: 申请人递交资料→伦理秘书形式审查→主审委员审查(如需,根据SOP要求)→伦理委员会会议审查→秘书传达审查结论。

46. 当研究方案中存在延迟披露的信息,并且需要委员会审核的时候,应该怎样做?

参考答案: 伦理秘书形式审查→伦理会议审查审核项目资料的科学性以及伦理性→决定是否需要暂停、中止试验。

47. 当受试者打电话时你们会怎样反应,谁来处理投诉电话?

参考答案: 伦理委员会秘书接到投诉之后,记录信息(记录表),向研究者了解情况,根据投诉问题性质决定是备案还是上报主任委员进行处理。

48. 伦理委员会成员怎样获得完整的研究方案?

参考答案: 常规会议前3天委员可以登录伦理委员会网络评审系统,可以审阅完整的项目文件。

49. 会议记录的评审周期是多久?

参考答案: 每次会议之后1周内发送给HRPP负责人及主任委员审核。

50. 你们的机构政策或规定有所更新的时候是怎样通知大家的?

参考答案: 主要通过网站、邮件、短信、QQ、微信。

51. 您作为伦理委员会(IRB)员工是否有关于您的工作的正式评估?

参考答案: 有,每年年底进行年度自我评估和主任委员/副主任委员评估。

52. 您怎样来改进伦理委员会(IRB)的工作?

参考答案: 每年组织召开1~2次质量持续改进会议,发现存在的问题,提出解决方案,并按照方案持续改进。比如:2015年优化了伦理资料递交的流程,缩短了伦理审查的周期。

53. 在医院里最大的不依从性的研究范围是在哪个方面?

参考答案: 最大的不依从主要体现在随访超窗,受试者的纳入违反入排标准,合并用药,临床试验中受试者药品服用的依从性,检验项目的漏项。

54. 您是伦理委员会(IRB)成员吗?是哪一个的后备成员?

参考答案: 我是伦理委员会秘书,不是后备成员。

第五章

针对相关管理人员的问题

第一节 主管院领导

1. 请您介绍贵院的HRPP体系?

参考答案: 答案详见共性问题。

2. 贵院的受试者教育是怎样进行的?

参考答案:(1)机构办与临床研究者负责受试者教育与培训。机构制作发放《临床试验受试者须知》,使受试者了解临床试验相关知识及其权益等。研究者在研究过程中向受试者做好与研究相关知识的教育与培训。

(2)伦理委员会负责接待受试者的抱怨与投诉,特别是有关受试者权益的问题,伦理办电话印刷在知情同意书上以及《临床试验受试者须知》上。

3. 您怎样支持HRPP的工作? 在行政、空间、财政上?

参考答案: 从人员、场地提供和经济分布上进行具体阐述。

4. 你们医院有几个伦理委员会?

参考答案: 1个伦理委员会有3个分支,涉及人体研究的就是医学伦理委员会。

5. 你们医院进行的研究的项目越来越多,您是怎样管理的?

参考答案: 制度化、规范化和信息化管理,比如在信息化方面我们研发了几个信息化系统:临床试验系统、全院办公系统、伦理审查系统。

6. 您所在的办公室或委员会是做什么的？

参考答案: ____医院副院长为HRPP机构办公室的负责人（IO）。IO对____医院的HRPP授权。IO被授予以下职责:

（1）总体负责管理HRPP项目,保证各独立部门的运行,以及之间的协作关系。

（2）按照HRPP的管理制度执行HRPP体系。

（3）管理HRPP体系的财务运作。

（4）根据HRPP的实施情况,IO有权提出进一步的改进和发展规划。

7. 您对保护受试者是怎样看的？您（您的办公室或委员会）是怎样和伦理委员会（IRB）或者其他成员来打交道的？

参考答案: 我在医院的职位是____,也是HRPP体系的总负责人。

每年____月份我会负责主持至少1次HRPP体系评估,临床试验和研究办公室负责组织汇总各相关部门的质控信息,明确存在问题并指出需改进之处加以持续改进。

各相关部门每年定期自评: 包括伦理委员会、机构办、临床试验和研究办公室、医务部、纪委监察室、专业科室等。每年自我评估1次。委员每年进行培训;临床试验和研究办公室、医务部、纪委监察室一般每年1次。

（1）目标和目的

1）遵照执行国内相关法规、国际指南,遵照执行医院HRPP制度及程序,遵照执行研究方案。

2）通过持续质量改进提高受试者保护体系的质量、效率。

（2）指标

1）国家药品食品监督管理总局进行临床试验项目核查的通过率。

2）伦理委员会从项目受理（伦理资料递交函签字的时间）到项目审查（拿到首次批件的时间）的时间。去年是22个工作日,今年我们缩短至15个工作日。

3）伦理委员会一年中接受受试者投诉的次数。

8. 医院怎样保证人类受试者的研究接受正确的审核和监督？如果是学生、培训生和进修生的研究,怎样来保护受试者？

参考答案: 本研究机构不涉及此类研究。

9. 学生做研究时怎样来监管和引导?

参考答案: 学生的研究必须在导师的指导下进行,我院伦理委员会不审查学生的研究项目,只有导师担任该研究的PI时,才予以审查。

10. 研究过程中出现涉及受试者和他人风险的非预期问题的时候怎么办? 比如谁来解决问题? 医院怎样处理? 举例。

参考答案: 国内法规对非预期问题还没有相关要求。国际多中心研究,按SAE流程报告。处理措施如下:

(1)及时正确地干预。

(2)记录。

(3)报告。

(4)随访。

(5)改进措施及培训。

涉及受试者和他人风险的非预期问题(unanticipated problems involving risks to participants or others):是指临床试验过程中发生的同时符合以下3条标准的事件:①发生是非预期的;②与研究相关的;③让受试者或他人面临新的或更大的风险。目前国内法规对涉及受试者和他人风险的非预期问题还没有相关要求,可以参照SAE流程报告。

常见需要报告的事件范围包括:

(1)与研究有关但是非预期的严重不良事件。

(2)任何可能将受试者暴露在潜在风险之下的非预期事件。

(3)任何可能将受试者之外的人群(如研究者、研究者助理、公众等)暴露在潜在风险之下的非预期事件。

(4)额外信息提示研究的风险获益发生了改变。如研究的中期分析或安全委员会提示研究的风险获益发生了改变,或者其他的类似研究发表文献提示研究的风险获益发生了改变。

(5)违反了保密条款。

(6)为了解决受试者的紧急情况,而在伦理委员会审查同意之前就对方案作了修改。

(7)伤害了受试者或者存在潜在伤害风险的方案违背(protocol violation)。

(8)申办者因为风险原因暂停试验。

研究者需在获知24小时内报告给本院伦理委员会(IRB)、机构办、申办者、国家食品药品监督管理总局、省食品药品监督管理局。同时研究者还必须随访该事件直至出现好转、稳定,或研究者判断无须再继续随访为止。报告的类型分为首次报告、随访报告及总结报告。

11. 有关依从性的问题上报到委员会后意味着什么? 怎样来处理这种情况?

参考答案: 伦理委员会(IRB)主任委员授权秘书审查,必要时上会审查。每次伦理委员会开会时,须通报给所有委员。秘书负责将审查意见传达给研究者、机构办公室,并由机构办公室负责整改的监督和反馈,和申办者一起对研究者进行培训。

12. 您认为在保护受试者体系中的伦理委员会(IRB)成员或其他相关人员有足够的资源来完成他们的工作吗?

参考答案: 我院伦理委员会(IRB)的组成是符合CFDA-GCP、ICH-GCP和相关的法规和指导原则的,医学专业背景、性别比例、科学/非医学人员、社区代表都有,伦理委员会(IRB)办公室的专职人员可以满足现有审查项目的需要。

13. 医院政策对于研究者的外部经济/非经济利益冲突是怎样的? 家庭成员? 机构自身?

参考答案:(1)我们医院申办的注册研究都由医院统一管理。
(2)制定相关的制度。
(3)多方共同签署合同并根据合同审查SOP。
(4)如合同有出入,请专业的审计部门进行审查。
(5)要求PI对利益冲突进行申明。
(6)经费的使用。
个人利益冲突包括:
(1)双重身份或担任高级职务。
(2)本人及其直系亲属从药物/医疗临床试验的申办公司获得顾问费、专家咨询费、礼品及宴请招待费用(根据研究协议,从医院计财处列支的参加研究的劳务费除外)。
(3)相关人员及其直系亲属拥有研究相关的所有权,包括但不限于专利、商标、版权或转让协议。
机构经济利益包括:

（1）医院拥有研究相关所有权,包括不限于专利、商标、版权或转让协议。

（2）涉及领导干部(指院长、分管院长、相关职能部门负责人)及其直系亲属的经济利益冲突。

其他利益冲突还包括:

（1）研究人员承担多种工作职责,没有足够时间和精力参加临床研究,影响其履行关心受试者的义务。

（2）伦理委员会委员/独立顾问审查/咨询项目的研究者。

对于个人的利益冲突我们要求报告,报告情况如下:

（1）在新项目申请伦理审查前参与研究设计、实施以及研究结果分析的研究人员(包括本人及配偶、子女及其配偶)应评估与研究项目是否存在利益冲突;若有,须向伦理委员会声明。

（2）研究过程中出现新的利益冲突,应及时报告伦理委员会。

（3）研究过程中还应定期向伦理委员会报告利益冲突情况。

机构利益冲突我们是这样处理的:

（1）院长和分管院长、相关职能部门负责人定期向纪委监察室进行财产等重要事项申报;监察室会将可能与研究有关的利益冲突及时与伦理委员会沟通。

（2）临床试验和研究办公室每年会把相关专利、成果转让等信息与伦理委员会沟通。

（3）伦理委员会审查到相关项目时,专门就利益冲突问题进行讨论。

（4）伦理委员会负责审查委员和研究者的利益冲突,纪委监察室负责审查机构利益冲突。

14. 怎样保证研究药物只在相关研究项目的受试者当中应用,只能被研究者处方? 采取什么措施来保证?

参考答案: GCP规定试验药物只能在试验中用,针对规定我们制定试验药物发放、使用、回收SOP。

（1）具有很好的试验流程,按SOP对试验药物的数量进行记录。

（2）具有监管和质控部门,具有专门的经授权的药品管理员。

15. 怎样处理合约以保证受试者权益? 比如:研究相关损伤? 研究结果公布或出版? 申办者的责任有哪些? 监测数据安全的计划? 与受试者相关的新信息? 合约是否与知情同意一致? 比如:当申办者撤资时怎样处理?

参考答案:(1)我们医院具有专门的合同审计部门。

（2）专业的合同审查模板：受试者的损害、信息、知识产权等模块。

（3）合同签署时间在伦理审查之后，会遵照伦理委员会（IRB）的意见，确保和知情一致。

（4）合同经费汇款流程，先付钱再执行。

（5）受试者赔偿主要通过法律途径。

我院要求中国的申办者采用我院的标准合同模板，以上所有内容在我单位的合同中都已明确提出，合约与知情同意书一致。

（1）发生严重不良事件时，甲方应协助研究者及时处理，以保证受试者的安全，并及时上报给其他中心医学伦理委员会和相关药监部门。若受试者出现与试验产品相关的或研究方案所需的诊断检查引起不良反应并受到损害，受试者的相关治疗费用和全部赔偿或补偿款以及乙方为此付出的诉讼费、代理费、其他合理费用及乙方的其他损失应均由甲方承担，对乙方在经济和法律上给与保障（医疗事故除外）。

（2）提供受试者保险或相应的保障措施。

（3）甲方应尽快（不长于30天）向乙方报告任何以下发现：影响受试者的安全性，影响研究的执行或改变伦理委员会（IRB）继续批准研究的执行。

（4）甲方应向乙方递送数据和安全监控计划。甲方应具体说明向乙方提供例行和紧急数据和安全监控报告的时间窗（如6个月或1年），应与伦理委员会批准的数据和安全监控计划一致。

（5）甲方须提供将研究结束后的新发现提供给乙方的步骤，尤其是这些发现直接影响受试者的安全。甲方须明确将已结题项目的研究发现告知给乙方的时间期限（如，两年内）。这需要基于每个研究选择适当的时间期限。

第二节　药物管理人员

16. 您是如何管理药物的？

参考答案： 我院的临床试验药物从申办者/CRO公司申请后，直接邮寄或通过其他方式送达至研究科室，由被PI授权且经过相关培训的药物管理员接收并保管。

药物管理只要符合GCP的要求，按照我院实际运行模式，如实回答即可。

17. 您如何对待试验药的紧急使用？

参考答案： 试验物品的紧急使用，仅适用于患者出现生命危险时，除试验物品之外无确切疗效且安全的其他可替代物品时可用于该未签署知情同意书的患者。伦理委员会需要审核紧急情况中使用的试验药物和器械。

我院暂未发生类似事件,若发生该类事件,谨遵救人第一原则。事后研究者再向我院伦理委员会及申办者作详细汇报。在紧急情况中使用未经批准的药物必须符合《特殊药品注册审核和批准程序》。

18. 您会检查知情同意吗？要求有副本吗？

参考答案: 药物管理人员一般没有检查知情同意的职责。

19. 您会检查纳入/排除标准吗？有什么机制来检查？

参考答案: 机构质控工作职责范围内,靠监查员和机构质控来保证。

20. 试验药房与临床药房的区别是什么？如何区分不同的职责？(机构——专业护士——培训)

参考答案: 我院暂无集中管理药物的试验药房,试验药物在各科室专门的房间保存。试验药物由专门被授权及培训的药物管理员保管和发放。药物管理只要符合GCP的要求,按照实际运行模式如实回答即可。

21. 研究者管理试验用药吗？

参考答案: 试验药物管理员是经过培训和授权的专业护士。

22. 临床试验药师来管理用药吗？程序是什么？

参考答案: 研究者谈完知情,核对入排标准后,确定可以随机(入组)后开具处方,药物管理员根据处方,经过核对后发放试验用药。例如,我院____项目在手写处方中详细记录。

23. 谁负责药物的检查？谁负责监查？

参考答案: 我院各专业药品管理员负责试验药物的保管、分发及日常检查,机构质控人员负责监查,药房负责人员指导。

24. 如何管理24小时需要用的试验药?

参考答案: 如试验用药品非急救药物,仅白天上班时正常使用,所有药物存放在加锁的药物储存室中,如为急救药物在下班后还可能使用的,按随机序号保留一定量的基数在值班护士处加锁临时保管,白天交班时移至药物管理保管员。

25. 谁负责分发试验用药?

参考答案: PI授权的药物管理人员。

26. 您怎样与研究组联系?

参考答案: 通过机构办公室联系研究者。

27. 您有被要求来评估某个研究方案的科学性吗?

参考答案: 没有。

28. 药房发药之前你们有什么措施、政策或操作流程来保证这个研究已经被伦理委员会(IRB)通过了?

参考答案: 我院规定,机构质控员经查阅伦理委员会(IRB)批件,完成启动前的质控后,方可启动项目,筛选患者。

29. 怎样确保在发药前保证受试者已入组?

参考答案: 研究者谈完知情,核对入排标准后,确定可以随机(入组)后开具处方,药物管理员根据处方,经过核对后发放试验用药。

30. 当伦理委员会(IRB)要求研究暂停或终止的时候,你们多久会获得此类信息?怎样进行交流?

参考答案: 研究终止的时候机构办公室会直接和PI联系并出具批件,PI获知信息后会告知我们不需要进行此项研究了。

31. 你们怎样负责研究药物或器械的安全问题?

参考答案:(1)熟悉相关管理规定。

(2)项目启动,药物和器械为专人负责。

(3)保管要求,专人专柜。

(4)流程的管理,有监查。

32. 当研究药物需要超适应证使用,或需要使用非上市药物,您怎样确保这个药物或研究方案符合CFDA豁免情况?

参考答案: 看这种紧急情况是否符合CFDA豁免的范畴,并需要经过伦理委员会的批准,或紧急情况使用后报告伦理委员会。我院暂无超适应证使用情况发生。非上市药物需要有CFDA批件,按批件来执行。

33. 有什么样的政策或措施来保证研究者是否了解试验药物或器械以及是否依从这些政策或措施进行了相关培训?

参考答案: 本研究机构制定了专门的管理制度和SOP,如试验用药物接收标准操作规程,试验用药物保管标准操作规程,试验用药品超有效期、温度超标处理应急预案,试验药物发放、回收标准操作规程,剩余试验用药品处理标准操作规程,这些规定和SOP可以保证研究者充分了解试验药物或器械。

同时我们也制定了相关培训制度和SOP,确保研究者对以上文件的充分学习。

34. 研究者计划中的方案审核中怎样确保被检测药物的安全?

参考答案:(1)药物在我院的保管条件: 温湿度监测记录系统。

(2)特殊要求的药物运输过程中需温湿度记录,如冷链运输。

35. 您碰到过需要紧急使用被研究药物的情况吗? 如果有,怎样保证获得知情同意?

参考答案: 没有。

36. 怎样保证合适的人来处方试验药物?

参考答案:(1)PI授权。
(2)医生资格证。

37. 在伦理委员会(IRB)同意的试验方案中您如何保证受试者会得到合适的交流和处理?

参考答案: 指导用药(培训研究者)问答的形式。
(1)参照方案中知情同意SOP。
(2)方案中制定AE、SAE记录、处理、随访SOP。
(3)确保受试者已获得伦理委员会和研究者的联系方式。

38. 怎样保证研究药师的参与研究过程能够有质量保证,怎样保证其他的部门能够及时接收关于你们研究活动评估的报告(包括质量控制和质量提高)?

参考答案: 试验药物的管理被纳入了机构质量保护体系,制定药物临床试验药物管理制度、药物管理员职责,同时机构评估中有对药物的评估,机构对试验药物的管理将上报至相关上级部门(CFDA、省药监局)。

39. 您是怎样对你们的服务来进行监控和质控的?

参考答案:(1)接收申办者的质控。
(2)药物数量、温度记录来评估。
(3)研究者的反馈。
(4)机构质控员对药物储存、发放、回收等记录进行质控,是对药师服务评价的重要环节。

40. 当研究过程中出现违反研究方案或者对受试者造成额外风险的问题时您会怎么做?

参考答案: 机构制定有一系列的应急预案,一旦发现问题,如温度超标、数量不符、记录缺失等,先启动应急预案,将汇报至相关部门,同时探讨导致该事件的根源所在,反馈给研究者后,按照相应SOP共同制定改进措施。

第三节 临床试验和研究办公室人员

41. 关于专利、版权,您有什么问题吗? 如何处理?

参考答案: 临床试验和研究办公室负责涉及机构利益冲突的问题。

42. 如何与申办者谈合同? 有问题吗?

参考答案: 国内研究者发起的研究需要使用医院的合同模板,由主要研究者、国家药物临床试验机构和申办者共同协商; 国际多中心研究由主要研究者、国家药物临床试验机构和申办者共同协商,合同文本需要经过双方的律师通过后才可以签署。

43. 如何检查合同条款? 有无专门术语? 会要求修改吗?

参考答案: 我们制定了临床试验合同质控表,按照质控表核对合同条款,也会请律师审查合同后,在合同会签单上签字; 合同内容使用的都是规范的专业术语; 如果是我们的模板很少修改,如果是其他单位提供的模板会要求修改。

44. 合同里一般有保护受试者的条款吗?

参考答案: 我院的合同模板有保险及受试者权益保护和赔偿条款。申办者负责为研究机构及研究者提供法律上与经济上的担保; 对发生与试验相关的损害(包括受试者损害、乙方研究机构和研究者的损害)后果时,申办者负责承担全部责任,包括医疗费用、经济补偿或者赔偿等。

45. 您要求数据安全监察计划吗? 谁负责接收报告? [只负责合同中有这个条款,伦理委员会(IRB)负责数据安全监察计划,是伦理委员会(IRB)和机构接收数据安全监察计划]

参考答案: 我们开展的一些风险高的临床试验申办者有过DSMB研究,我们自己的研究没有建立过DSMB,但是,有些高风险的Ⅰ期试验,伦理委员会进行过数据监查,执行了类似职能; 对我们将来自行开展高风险的研究将建立DSMB。

46. 如何处理利益冲突？机构利益冲突？

参考答案: 利益冲突由研究者主动向伦理委员会（IRB）申报,机构的利益冲突需要向监察办申报。

第四节　机构质控人员

47. 您属于哪个部门？

参考答案: 机构办公室。

48. 您做了多少次质控？

参考答案: 分三个阶段:
试验启动前: 项目立项、合同签署、启动质控。
试验过程中: 病历抽查、问题跟踪质控。
试验结束: 试验结束质控、试验报告盖章质控等。

49. 您怎样选择需要质控的项目？

参考答案: 每个项目都质控。

50. 您会检查所有文件吗？还是只挑选其中的一部分进行检查？

参考答案: 会对某一项目的一些病历抽查,抽查病历例数的要求: 入组的前3例每例必须质控,且整个研究期间病历抽查数量不低于研究总计划病例数的30%。

51. 您会选择什么样的项目进行质控？如何告诉PI？

参考答案: 每个注册类项目都质控,采用质控表反馈机制,每个月将科室质控月报发给PI。

52. 您接受过什么样的培训？

参考答案:（1）GCP法规的培训。

（2）伦理相关规范的培训。

（3）临床试验技术的培训。

（4）医院相关制度的培训。

（5）AAHRPP培训。

53. 谁负责报告CFDA或其他管理部门?

参考答案: 研究者报告省级食品药品监督管理部门、CFDA、中华人民共和国卫生和计划生育委员会等。

54. 受试者涉及生物安全和放射安全的问题时,你们会聘请独立顾问吗?

参考答案: 会。曾经有临床试验邀请了____研究所____教授作为独立顾问。

55. 申请AAHRPP项目,增加了很多工作,很多文件需要准备,对你们受试者保护体系有什么影响吗?

参考答案: 完善了HRPP的运行架构,更全面地保护了受试者。在国家药物临床试验机构和伦理委员会的基础上,新增了利益冲突委员会、依从性监管委员会、临床研究专家委员会等,并制定和更新了制度和SOP。

56. 科学委员会谁来发动?

参考答案: 一般项目的科学性由伦理委员会完成,临床研究专家委员会(履行科学审查小组职责)对以下项目进行科学性审查,具体审查范围:

（1）国内首次进行人体试验的1.1类创新药物临床研究。

（2）第三类医疗器械临床研究。

（3）首次在我院进行的限制类医疗技术临床研究。

57. 外单位人员来本院研究,如何监管? 我院人员到外院进行研究,如何监管?

参考答案: 外单位人员在我院不能做PI,我院目前尚未出现在外院担任PI的情况,如出现,需要按照在我院担任PI的流程审查。

有些研究机构的伦理委员会特别规定了监管本院医生在外院发起的研究和外院医生在本院发起的研究,均按照本院项目审查和监管。

附　录

　　伦理学的法规具有一定的社会性,不同国家都有本国相应的伦理标准。其中有些伦理标准是国际公认的,而有些是各国根据自己的国情制定的。本章围绕受试者权益保护这一主题将法规和指南分为国际和中国两部分,其中国际法规为全球所公认的,也是申请AAHRPP时所需遵循的基本标准,中国法规中蓝色加粗字体为AAHRPP官网专门针对中国研究机构所设定的建立HRPP体系需遵循的法规,其他字体为我们建议中国机构也应当遵循的法规和指导原则。

获取图书配套数字资源的步骤说明

1. 扫描封底圆形图标中的二维码,登录图书增值服务激活平台(jh. pmph. com);
2. 刮开并输入激活码,激活增值服务;
3. 下载"人卫图书增值"客户端(如已下载,请直接登录"人卫图书增值"App获取该服务);
4. 登录客户端,使用"扫一扫"功能,扫描图书中二维码即可查看数字资源。

附录一

国际法规指南

1.1《纽伦堡法典》(英文版)

1.2《赫尔辛基宣言》(2013年)

1.3 ICH Harmonised Guidline: Inergrated Addendum to ICH E6(R1), Guideline for Good Clinical Practice E6(R2)(2016年)

中国法规指南

　　AAHRPP列出的适用于中国的法律法规，主要包括国家卫计委的《药物临床试验伦理审查工作指导原则》（Guidance: Guidelines for Ethical Review Work of Drug Clinical Trials）和国家食品药品监督管理总局的法律、法规和指南：

2.1　The Drug Administration Law of the People's Republic of China《中华人民共和国药品管理法》（2015年4月24日）

2.2　The Regulations for Implementation of the Drug Administration Law of the People's Republic of China《中华人民共和国药品管理法实施条例》（2016年6月1日）

2.3　Regulations on Administrative Protection for Pharmaceuticals《药品行政保护条例》（1992年12月12日）

2.4　Special Review and Approval Procedure for Drug Registration of the State Food and Drug Administration of Medical Devices《食品药品监管总局关于印发创新医疗器械特别审批程序(试行)的通知》（2014年2月7日）

2.5 Provisions for Drug Advertisement Examination 《药品广告审查办法》(局令第27号)(2007年3月13日)

2.6 Guidance: Provisions for Drug Registration《药品注册管理办法》(2007年7月10日)

2.7 Guidance: Provisions for Clinical Trials of Medical Devices《医疗器械临床试验规定》(2004年1月17日)(CFDA已废止)

2.8《医疗器械监督管理条例》(2014年)

2.9《涉及人的生物医学研究伦理审查办法(试行)》(2016年)

2.10《药物临床试验管理规范》(2003年)

2.11 Guidance: Guidelines for Ethical Review Work of Drug Clinical Trials《药物临床试验伦理审查工作指导原则》(2010年)

2.12《医疗技术临床应用管理办法》(2009年)

2.13《体外诊断试剂临床试验技术指导原则》（2014年）

2.14《儿科人群药物临床试验技术指导原则》（2016年）

2.15《医疗器械临床试验质量管理规范》（2016年）

附录三

AAHRPP认证标准（2009年）

AAHRPP认证标准（2009年）